高等学校计算机专业核心课程系列新形态教材

分布式数据库 Oracle

——从基础到实战

主　编　徐洪丽　武　装
副主编　姜红花　杨传栋

东南大学出版社
·南京·

内 容 简 介

本书从理论到实战深入浅出地介绍分布式数据库 Oracle 的基础和开发。本书分为五篇，第一篇体系结构篇，第二篇对象篇，第三篇 PL/SQL 语言篇，第四篇安全篇，第五篇综合实战篇。每篇包括两条主线：主要内容部分和实战部分。内容上注重系统性、关联性和前后内容的呼应。理论部分从一个管理者的角度来思考布局 Oracle 的工作机制，如体系结构篇，每条规则在实战中都有对应验证。实战例子部分前后呼应，如第二篇的分区表，与第一篇表空间的关联。第三篇游标、function 和 procedure 在章尾提供章综合例子。综合实战篇以员工信息管理系统为例，提供了整体的 Oracle＋JSP 应用开发综合实例。本书各部分都有收放过程，如熟悉游标四步骤之后，在后续的章节游标遍历时四步可直接省略，浏览一次数据库，即可以高速有效地解决每一条记录的不同需求，精准化满足用户的多元化需求。

本书面向 Oracle 数据库的初学者和具备一定基础的用户，可以使不同的读者全面地了解 Oracle 数据库的基本原理和相关应用开发，为深入 Oracle 开发奠定基础。

本书适合作为高等院校计算机相关专业教材，也适合作为 Oracle 数据库的初学者，以及初、中级数据库管理和开发人员的参考书。

图书在版编目(CIP)数据

分布式数据库 Oracle：从基础到实战 / 徐洪丽，武装主编. --南京：东南大学出版社，2025.6.
ISBN 978-7-5766-1782-5

Ⅰ. TP311.132.3

中国国家版本馆 CIP 数据核字第 2024FJ1736 号

责任编辑：姜晓乐　　责任校对：韩小亮　　封面设计：王　玥　　责任印制：周荣虎

分布式数据库 Oracle——从基础到实战
Fenbushi Shujuku Oracle——Cong Jichu Dao Shizhan

主　　编	徐洪丽　武　装
出版发行	东南大学出版社
社　　址	南京四牌楼 2 号　邮编：210096
出 版 人	白云飞
网　　址	http://www.seupress.com
经　　销	全国各地新华书店
印　　刷	江苏扬中印刷有限公司
开　　本	787 mm×1 092 mm　1/16
印　　张	16
字　　数	370 千
版　　次	2025 年 6 月第 1 版
印　　次	2025 年 6 月第 1 次印刷
书　　号	ISBN 978-7-5766-1782-5
定　　价	59.00 元

本社图书若有印装质量问题，请直接与营销部调换。电话(传真)：025-83791830

前 言

Oracle 是分布式数据库的经典之作,其市场占有率在一半左右,在数据库领域具有举足轻重的地位。凭借其卓越的性能、优异的安全性、出色的可扩展性、优秀的分布式存储方案和跨平台能力,Oracle 广泛应用于金融、经济、教育、政府、企业和电子商务等多个领域。

在人才市场上,具备 Oracle 分布式数据库管理和 PL/SQL 开发经验的专业人士备受青睐,他们不仅竞争力出众,而且往往能够获得丰厚的回报。随着市场对 Oracle 专业人才需求的持续增长,越来越多的高校已在数据库原理课程基础上,增设分布式数据库 Oracle 等相关课程。

本书作者汇聚了多年的 Oracle 一线教学与开发经验,同时获得工信部"大数据 Hadoop 高级开发工程师"证书,具备相关开发经验。根据多年的教学经验、软件开发心得、读者反馈和建议,结合学习和教学的内在规律,编写了这本《分布式数据库 Oracle——从基础到实战》教材。该书专为满足当今市场需求而打造,旨在使读者从 Oracle 基础知识到实战应用进行全面的掌握和提升。

1. 本书内容

本书分为五篇,第一篇为体系结构篇,第二篇为对象篇,第三篇为 PL/SQL 语言篇,第四篇为安全篇,第五篇为综合实战篇。每篇包括两条主线:主要内容部分和实战部分。

第一篇 体系结构篇

* 第 1 章:分布式数据库 Oracle 安装与配置

内容:本章主要介绍分布式数据库系统的概念、特点及 Oracle 的安装与配置,并引出分布式存储的理论基础是 Oracle 体系结构。

实战:Oracle 的安装与配置,几种不同的登录 Oracle session 的方法等。

* 第 2 章:Oracle 体系结构

内容:详细阐述了 Oracle 体系结构中的物理结构、逻辑结构、内存结构(SGA 和后台进程)、物理结构和逻辑结构的关系及物理结构和内存结构的关系,从而解析了 Oracle 的工作机制及其分布式存储的理论依据。

实战:三种结构相关数据字典,如何查看和理解结果。日志文件的添加和删除,帮助理解日志文件的工作原理等。

* 第 3 章:Oracle 表空间管理

内容:该章为第 2 章对应的实战章。第 2 章的理论在本章都可以得到验证,也为第 4

章分区表的创建打下坚实的基础。

实战：表空间的横向创建和纵向创建，相关数据字典。验证表空间与数据文件的一对多关系，数据文件的参数配置，逻辑结构中段、区的不同管理方式，表空间的修改和数据文件的移动等，帮助理解第2章给出的各概念之间的关系。

第二篇　对象篇

* 第4章：Oracle数据库对象管理

内容：介绍分区表的创建和管理，阐述表空间（逻辑结构）与.dbf文件（物理结构）之间的关系，以及视图、索引、序列、同义词等的创建、管理和应用，并重点介绍merge命令的应用。

实战：创建和管理Schema对象，通过实战掌握分区表，理解不同分区与表空间的关联，掌握merge的应用场合、实战案例，通过其解决实际复杂问题。

第三篇　PL/SQL语言篇

* 第5章：PL/SQL语言基础

内容：PL/SQL语言特点、应用场合，PL/SQL块结构、字符集、变量、常量和数据，select into赋值，PL/SQL结构化程序设计基础，带case的select语句，异常处理等。

实战：区分三种语言——PL/SQL，SQL，SQL * PLUS，区分三种变量——标量变量，字段变量，临时变量。验证PL/SQL块结构，掌握几种赋值语法，赋值时可能出现的问题及如何解决，新类型％rowtype和％type的含义及其灵活应用。结构化程序设计，特别是for循环和数据库结合时需注意的问题，case语句的分类，及嵌入式case的语法特点、实战及结果展示，异常处理等。

* 第6章：游标

内容：游标的基本概念、类型以及使用方法；游标处理时的四个步骤，游标常规属性及含义，带参数的游标使用方法；多种游标遍历方式，不同方式遍历时的注意事项，for循环遍历游标时省略的步骤，带for update的游标场合及实战，游标变量的灵活应用。

实战：游标内容的整体实战，从步骤到属性到遍历再到游标变量，实战时完全验证游标内容，并且从代码扩展到for循环常规省略游标处理步骤时，能够读懂程序隐含的内容。同时快速理解基础篇的隐式游标，及游标属性的应用。同时掌握带参数游标、for update游标、游标变量等实战。

* 第7章：存储过程和函数

内容：介绍存储过程和函数的概念、特点、适用的场景，比较它们之间的差异与联系；阐述存储过程和函数的使用方法，包括创建、调用、管理存储过程和函数，存储过程与游标结合处理问题的实战例子。

实战：掌握存储过程，形参定义时添加的维度：输入、输出维度及begin后如何引用输入参数，如何给输出参数赋值；掌握何时需与游标结合处理问题；掌握存储过程的调用方法，注意定义和调用时用户须具备的权限；掌握函数基本语法，存储过程和函数实战综合应用等。

* 第 8 章:触发器

内容:掌握触发器和存储过程的异同、适应场合。掌握触发器头时间、事件、对象、方式的含义和具体应用,特别是 for each row 触发器和语句级触发器的异同。掌握:new 和:old 的含义及使用技巧,掌握 DML 触发器和系统触发器的定义和触发方法等。

实战:触发器整体内容实战。加强对触发器头部中方式的理解,何时用 for each row 形式,何时必须用语句级形式,触发器 begin 中有游标遍历时必须用语句级,涉及记录新值老值时用行级触发器等。掌握如何利用触发器巧妙地加强系统的安全性和完整性,如实现主外键关联等。

第四篇 安全篇

* 第 9 章:Oracle 安全管理

内容:涵盖对用户、口令、权限、角色的管理和控制,包括概要文件的灵活应用,如模拟银行系统三次密码输错吞卡的功能等。

实战:用户、口令、权限、角色的管理和概要文件的创建,及概要文件、权限、角色与用户关联的不同。

* 第 10 章:Oracle 备份和恢复

内容:Oracle 的备份和恢复的概念、分类、特点及应用。

实战:Oracle 冷备份和热备份的实战操作,逻辑备份的实战操作等。

第五篇 综合实战篇

* 第 11 章:Oracle blob 类型图片的存储与读取

内容:以图片界面展示为引子,实现真正将每条记录的图片保存到数据库中。

实战:Oracle blob 类型的图片存储与读取。

* 第 12 章:基于 Oracle 存储过程的员工信息管理系统

内容:Oracle(触发器存储过程等)+JSP 结合综合例子等。

实战:系统以"基于存储过程的员工信息管理系统"为例,实现 J2EE 环境 Oracle 存储过程的外部调用系统。

教材的整体组织架构如下图所示,在 Oracle 整体的学习过程中,无论是体系结构篇还是过程篇,都有先扩后缩的过程,体系结构篇类似于以一个管理者的眼光格局看待和处理问题,体系结构篇熟悉之后,在以后的章节中以关键字 tablespace 呈现。语言篇中比如游标,熟悉了游标使用的四个步骤后,采用 for v_1 in c_1 形式遍历游标时,已经直接省略了游标的打开、推进和关闭。游标熟悉后,在之后的篇章如存储过程和触发器中可以直接遍历使用,与其他语言相比,游标的遍历既大大简化了网络传输次数,又类似于目前流行的视频处理算法 YOLO(you only look once),浏览一次数据库,即可以高速有效地解决每一条记录的不同需求,从而使得 PL/SQL 编写既可以大大缩短篇幅,又可以精准满足个性化需求。

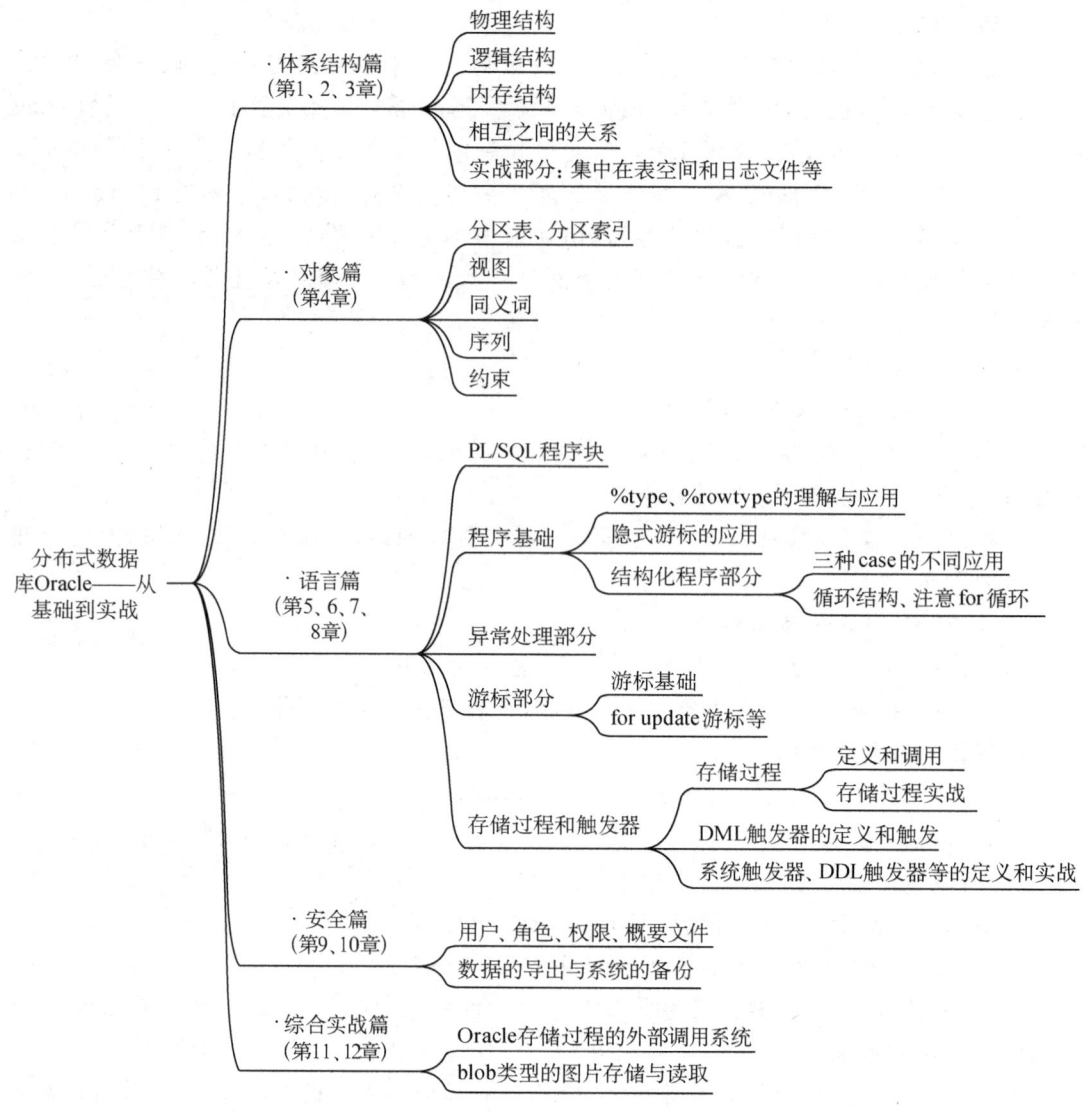

教材组织框架图（Oracle 体系结构框架图）

2. 本书特点

本书是教育部级校企合作项目成果之一（项目号 220601828221840）——与北京学佳澳软件科技发展有限公司合作。综合例子已获得软件著作权，本书具体特点如下：

（1）结构清晰，系统性高：全书共分为五篇，从基础理论到实战再到针对复杂问题的综合应用，各篇之间建立起紧密的关联，形成完整知识体系，有助于读者系统地掌握 Oracle 数据库管理的各个方面。内容上注重系统性和关联性，广度和深度适当。

（2）注重实战，实用性强：每篇包括内容部分和实战部分，通过实际操作加深对理论知识的理解。如第二篇的分区表应用 tablespace，在前驱篇第一篇中有对分布式存储的整体理论和实战。第三篇的游标、function 和 procedure 这三部分内容在章尾有一个整体的总结实战例子,帮助读者理解和提高。第五篇综合实战篇包括 Oracle+JSP,结合统领全篇的实际的综合例子,这一部分内容具有很高的实用性和综合性,使读者能够在实际操作中提升技能等。

(3) 内容深度适当,易于掌握:在内容深度上,本书力求平衡理论与实践,既提供深入的理论解析,也注重实用技巧的传授,使读者能够在实际操作中掌握相关技能。

(4) 案例丰富,学习效果好:书中配有大量讲解视频,学生可随时扫码学习,理论和实战前后呼应,书中提供了大量的实战案例,这些案例不仅有助于解释理论知识,还能帮助读者在实际操作中掌握技巧。此外,各篇内容中的实战部分也通过前后映射的实例进行讲解(如 PL/SQL 前入门例子模拟 merge 的工作原理),有助于读者更好地理解和掌握相关内容。

(5) 利用已有知识悄然过渡到新元素:PL/SQL 语言篇中引入几个新元素,如 %rowtype 和 procedure 时,充分利用已有知识进行概念过渡。提高对分布式数据库的掌控度和代码运行效率。

(6) 全面覆盖,知识面广:从体系结构到 PL/SQL 语言,再到安全与备份恢复,本书内容覆盖了 Oracle 数据库管理的各个方面,为读者提供了一个全面的学习资源。

3. 本书资源

教材提供配套的教学大纲、教学课件、程序源码、习题答案,并配套微课视频。读者可扫描书中相应的二维码下载。同时还配套多个精彩案例的微课视频,供读者使用。

4. 读者对象

本书的读者对象主要为 Oracle 数据库的初学者、进阶者以及对分布式数据库感兴趣的读者。对于初学者,本书提供了从基础到实战的全面指导,帮助他们理解 Oracle 数据库的体系结构、对象管理、PL/SQL 语言等方面的知识,并通过实战部分加深理解;对于进阶者,本书提供了对 Oracle 数据库深入的理论知识和实战经验,包括体系结构管理、异常处理、游标、存储过程、触发器等高级特性的应用,有助于提升他们的技能和经验。本书也适合对分布式数据库感兴趣的读者。

5. 感谢的话

本书第一、二、三、五篇由山东农业大学徐洪丽副教授编写,第四篇由武装副教授编写。在编写过程中,参阅了甲骨文(Oracle)公司、北京学佳澳软件科技发展有限公司等公司的资料,也吸取了国内外众多教材的精髓,对这些作者的贡献表示由衷的感谢。本书在出版过程中,得到山东农业大学姜红花教授、杨传栋副教授,中国矿业大学(北京)高文超副教授,东南大学出版社姜晓乐编辑等的帮助和支持,另外本书编写过程中得到东南大学出版社、山东农业大学和中国矿业大学(北京)的领导、老师、同学的大力支持,在此表示诚挚的感谢。

由于作者水平有限,书中难免有不妥和疏漏之处,恳请各位专家、同仁和读者不吝赐教和批评指正,并与笔者讨论,邮箱 xhlmail001@163.com。

徐洪丽
2025 年 1 月于泰安

目　录

第一篇　体系结构篇

第 1 章　分布式数据库 Oracle 安装与配置 ··· 003
本章重点 ··· 003
1.1　分布式数据库 Oracle ··· 003
　　1.1.1　Oracle 和分布式数据存储 ··· 003
　　1.1.2　分布式数据库管理系统 ··· 004
　　1.1.3　引入 Oracle 分布式数据库 ··· 005
1.2　Oracle 12c 数据库服务器的安装与配置 ··· 006
　　1.2.1　下载 Oracle 12c 安装包 ··· 006
　　1.2.2　安装数据库服务器 ··· 008
　　1.2.3　Oracle 常用服务 ··· 013
　　1.2.4　登录 Oracle 的几种方法 ··· 014
1.3　习题 ··· 014

第 2 章　Oracle 体系结构 ··· 015
本章重点 ··· 015
2.1　Oracle 的物理结构 ··· 016
　　2.1.1　数据文件 ··· 016
　　2.1.2　日志文件 ··· 018
　　2.1.3　归档日志 ··· 023
　　2.1.4　控制文件 ··· 024
　　2.1.5　配置文件 ··· 024
　　2.1.6　其他文件 ··· 025
　　2.1.7　物理结构小结 ··· 025
2.2　Oracle 的逻辑结构 ··· 025
　　2.2.1　表空间（tablespace） ··· 026
　　2.2.2　段（segment） ··· 029
　　2.2.3　区（extent） ··· 030

  2.2.4 Oracle 数据块(block) ················· 030
  2.2.5 表空间、段、区信息的查询 ················· 031
  2.2.6 逻辑结构小结 ················· 032
  2.2.7 物理结构和逻辑结构的关系 ················· 032
 2.3 Oracle 的内存结构 ················· 032
  2.3.1 实例 ················· 032
  2.3.2 系统全局区 ················· 033
  2.3.3 内存结构之后台进程 ················· 034
 2.4 数据字典 ················· 036
 2.5 习题 ················· 038

第 3 章 Oracle 表空间管理 ················· 042
本章重点 ················· 042
 3.1 表空间信息 ················· 042
  3.1.1 CDB 和 PDB 简介 ················· 042
  3.1.2 表空间的查看和创建语法格式 ················· 043
 3.2 横向、纵向创建和管理表空间实战 ················· 045
  3.2.1 表空间基本创建 ················· 045
 3.3 修改表空间实战 ················· 048
  3.3.1 增加表空间容量 ················· 048
  3.3.2 rename 数据文件 ················· 049
 3.4 习题 ················· 051

第二篇 对象篇

第 4 章 Oracle 数据库对象管理 ················· 055
本章重点 ················· 055
 4.1 基本表管理 ················· 056
  4.1.1 基本表的创建和管理 ················· 056
  4.1.2 改变基本表的特性 ················· 059
  4.1.3 添加和修改数据 ················· 061
  4.1.4 表的约束(constraint) ················· 063
  4.1.5 虚表(dual) ················· 064
 4.2 分区表 ················· 065
  4.2.1 分区表的意义和实现基础 ················· 065
  4.2.2 分区表的优缺点和分类 ················· 066
  4.2.3 分区表的创建和使用 ················· 067
 4.3 同义词 ················· 069

4.3.1　创建同义词 ……………………………………………………… 069
　　4.3.2　使用和删除同义词 ………………………………………………… 070
4.4　序列 …………………………………………………………………… 070
4.5　merge 的含义与实战 …………………………………………………… 072
　　4.5.1　merge 的引入 ………………………………………………… 072
　　4.5.2　merge 语法 …………………………………………………… 073
　　4.5.3　merge 实战初探 ……………………………………………… 074
　　4.5.4　merge 综合实战 ……………………………………………… 075
4.6　Oracle 集合操作 ……………………………………………………… 077
4.7　习题 …………………………………………………………………… 078

第三篇　PL/SQL 语言篇

第 5 章　PL/SQL 语言基础 …………………………………………………… 085
本章重点 ……………………………………………………………………… 085
5.1　PL/SQL 语言必备 SQL 基础 …………………………………………… 085
　　5.1.1　表单查询 ……………………………………………………… 085
　　5.1.2　有条件查询 …………………………………………………… 087
5.2　PL/SQL 基本块结构 …………………………………………………… 099
　　5.2.1　PL/SQL 简介 …………………………………………………… 099
　　5.2.2　PL/SQL 语言块结构 …………………………………………… 100
　　5.2.3　PL/SQL 块结构实战 …………………………………………… 101
　　5.2.4　PL/SQL 程序初探举例 ………………………………………… 101
5.3　PL/SQL 运算符和赋值语句 …………………………………………… 102
　　5.3.1　运算符 ………………………………………………………… 102
　　5.3.2　PL/SQL 的常量和变量 ………………………………………… 103
　　5.3.3　变量赋值之 select into ……………………………………… 103
　　5.3.4　变量赋值之 returning into ………………………………… 105
　　5.3.5　临时变量应用举例 …………………………………………… 107
5.4　PL/SQL 数据类型 ……………………………………………………… 109
　　5.4.1　常用数据类型 ………………………………………………… 109
　　5.4.2　%type 类型 …………………………………………………… 110
　　5.4.3　%rowtype 类型 ………………………………………………… 111
　　5.4.4　%type 和 %rowtype 的区别 …………………………………… 112
　　5.4.5　record 类型举例 ……………………………………………… 112
　　5.4.6　对应实战注意要点 …………………………………………… 113
5.5　分支结构 ……………………………………………………………… 113
　　5.5.1　if-then-endif 结构 …………………………………………… 114

　　　　5.5.2　if-then-else-endif 结构 ……………………………………………………… 115
　　5.6　分支结构之 case 语句 ……………………………………………………………… 116
　　　　5.6.1　简单型 case 语句 ………………………………………………………… 117
　　　　5.6.2　搜索型 case 语句 ………………………………………………………… 118
　　　　5.6.3　带 case 的 select 语句 …………………………………………………… 119
　　5.7　循环结构 …………………………………………………………………………… 121
　　　　5.7.1　loop-exit-when-end 循环 ………………………………………………… 121
　　　　5.7.2　while-loop-end 循环 ……………………………………………………… 122
　　　　5.7.3　for-in-loop-end 循环 ……………………………………………………… 122
　　5.8　系统预定义异常和用户自定义异常 ……………………………………………… 124
　　　　5.8.1　异常的捕获与处理 ………………………………………………………… 124
　　　　5.8.2　系统预定义异常 …………………………………………………………… 124
　　　　5.8.3　用户自定义异常 …………………………………………………………… 127
　　5.9　习题 ………………………………………………………………………………… 129

第 6 章　游标 ………………………………………………………………………………… 132
　　本章重点 …………………………………………………………………………………… 132
　　6.1　游标初步理解 ……………………………………………………………………… 132
　　　　6.1.1　游标的作用及使用场景 …………………………………………………… 132
　　　　6.1.2　游标的引出 ………………………………………………………………… 133
　　6.2　游标的分类和使用方法 …………………………………………………………… 134
　　　　6.2.1　游标的使用方法 …………………………………………………………… 134
　　　　6.2.2　显式游标处理的步骤 ……………………………………………………… 135
　　6.3　游标属性 …………………………………………………………………………… 140
　　6.4　record 类型进阶 …………………………………………………………………… 142
　　6.5　游标的遍历 ………………………………………………………………………… 144
　　　　6.5.1　利用 while 循环检索游标 ………………………………………………… 144
　　　　6.5.2　利用简单循环遍历检索游标 ……………………………………………… 147
　　　　6.5.3　利用 for 循环检索游标 …………………………………………………… 148
　　6.6　for update 游标 …………………………………………………………………… 150
　　　　6.6.1　for update 游标的引入 …………………………………………………… 150
　　　　6.6.2　for update 游标的语法 …………………………………………………… 153
　　6.7　游标变量（动态游标） ……………………………………………………………… 155
　　6.8　习题 ………………………………………………………………………………… 158

第 7 章　存储过程和函数 …………………………………………………………………… 160
　　本章重点 …………………………………………………………………………………… 160
　　　7.1　存储过程 ………………………………………………………………………… 160

7.1.1　存储过程简介 160
　　　7.1.2　存储过程的创建 161
　7.2　存储过程实战 162
　　　7.2.1　不带参数的存储过程 162
　　　7.2.2　带参数的存储过程 163
　　　7.2.3　返回多个值的存储过程 164
　7.3　存储过程和游标结合 165
　7.4　用户自定义函数 167
　　　7.4.1　用户自定义函数的创建 167
　　　7.4.2　用户自定义函数的调用和执行 167
　　　7.4.3　函数的释放 168
　7.5　存储过程和函数的综合实战 168
　7.6　习题 170

第8章　触发器 171
　本章重点 171
　8.1　触发器引入 171
　8.2　触发器的概念 172
　8.3　触发器的分类和创建 172
　　　8.3.1　触发器的分类 172
　　　8.3.2　创建DML触发器 173
　　　8.3.3　触发器注意事项 174
　　　8.3.4　DML触发器实战 175
　8.4　系统触发器及实战 181
　8.5　触发器实战进阶 183
　8.6　触发器相关数据字典 185
　8.7　习题 186

第四篇　安全篇

第9章　Oracle安全管理 189
　本章重点 189
　9.1　用户 189
　　　9.1.1　创建用户 190
　　　9.1.2　修改用户和删除用户 192
　9.2　权限 193
　　　9.2.1　权限的概念和分类 193
　　　9.2.2　系统权限 193

9.2.3	对象权限	197
9.3	角色	198
9.4	概要文件	200
9.4.1	概要文件的概念	200
9.4.2	创建概要文件	201
9.5	习题	203

第10章 Oracle 备份和恢复

本章重点 …… 204

- 10.1 Oracle 备份与恢复概要 …… 204
  - 10.1.1 Oracle 数据库备份分类 …… 204
  - 10.1.2 Oracle 数据库备份方式比较 …… 205
  - 10.1.3 Oracle 数据库恢复 …… 205
- 10.2 Oracle 物理备份 …… 206
  - 10.2.1 Oracle 物理备份之冷备份 …… 206
  - 10.2.2 Oracle 物理备份之热备份 …… 207
- 10.3 Oracle 逻辑备份 …… 209
  - 10.3.1 Oracle 逻辑备份之 EXP/IMP …… 209
  - 10.3.2 Oracle 逻辑备份之 EXPDP/IMPDP …… 210
- 10.4 习题 …… 212

第五篇 综合实战篇

第11章 Oracle blob 类型图片的存储与读取

本章重点 …… 215

- 11.1 Oracle blob 类型 …… 215
  - 11.1.1 Oracle blob 类型图片的存储和读取效果 …… 215
- 11.2 存储过程在 PL/SQL developer 中实现 …… 217
  - 11.2.1 通过在命令窗口编写 PL/SQL 语言实现 …… 217
  - 11.2.2 直接在可视化界面中存储图片到数据库表 xs 中 …… 218
- 11.3 eclipse 连接 Oracle 并在 jsp 页面中显示 …… 221
  - 11.3.1 建文件，写 Picture 类 …… 221
  - 11.3.2 完善 jdbc 实现连接 Oracle 数据库 …… 222
  - 11.3.3 写 dao 包里面的 picdao 方法 …… 224
  - 11.3.4 通过 servlet 实现方法 …… 225
  - 11.3.5 jsp 中调用实现显示 …… 226

第 12 章　基于 Oracle 存储过程的员工信息管理系统 ……… 227
本章重点 ……… 227
12.1　系统安装要求 ……… 227
12.1.1　系统硬件要求 ……… 227
12.1.2　平台搭建 ……… 227
12.2　基于存储过程的员工信息管理系统 ……… 229
12.2.1　系统功能模块图 ……… 229
12.2.2　基于存储过程的员工信息管理系统使用说明 ……… 230
12.3　基于存储过程的员工信息管理系统功能特点 ……… 236
12.4　基于存储过程的员工信息管理系统的故障及排除方法 ……… 236
12.4.1　可能的故障 ……… 236
12.4.2　故障排除方法 ……… 236
12.5　基于存储过程的员工信息管理系统程序 ……… 237

参考文献 ……… 238

第一篇

体系结构篇

第 1 章　分布式数据库 Oracle 安装与配置

> **本章重点：**
> - 掌握分布式数据库基础概念，为之后引入 Oracle 的分布式存储原理（体系结构章）打基础。
> - 掌握 Oracle 的常用服务（注意概念上区分 Oracle 内存结构的后台进程）。

1.1　分布式数据库 Oracle

1.1

1.1.1　Oracle 和分布式数据存储

随着大数据时代的到来，数据存储和处理的需求越来越复杂。传统的单机存储方案已经无法满足大规模数据的处理需求，因此分布式数据存储成为一种重要的解决方案。

Oracle Database，又名 Oracle RDBMS，或简称 Oracle，是甲骨文公司推出的一款数据库管理系统。它是在数据库领域一直处于领先地位的产品，Oracle 数据库系统是世界上流行的关系型数据库管理系统，该系统可移植性好、使用方便、功能强大，适用于各类大、中、小微机环境。它是一种效率高、可靠性好、适应高吞吐量的数据库方案。MySQL 后期属于被甲骨文并购后的数据库管理系统产品，是关系型数据库管理系统，并购后引入 Oracle 的部分底层架构，逐渐趋 Oracle 化。

在市场份额上，截至 2022 年全球数据库管理系统排名得分如表 1-1 和图 1-1 所示（资料来源：DB-Engines 前瞻产业研究院）。从图 1-1 可知，Oracle 和同公司的 MySQL 占据了全球市场近一半的份额。在人才市场上，具备 Oracle 分布式数据库管理和 PL/SQL 开发经验的专业人士备受青睐，他们不仅竞争力出众，而且往往能够获得丰厚的回报。

表 1-1　2022 年数据库市场占有份额

排名	DBMS	得分
1	Oracle	1 262.82

(续表)

排名	DBMS	得分
2	MySQL	1 202.1
3	Microsoft SQL Server	941.2
4	PostgreSQL	615.29
5	Mongo DB	478.24
6	Redis	179.02
7	IBM DB2	160.32
8	Elasticsearch	157.69
9	Microsoft Access	143.44
10	SQLite	134.73

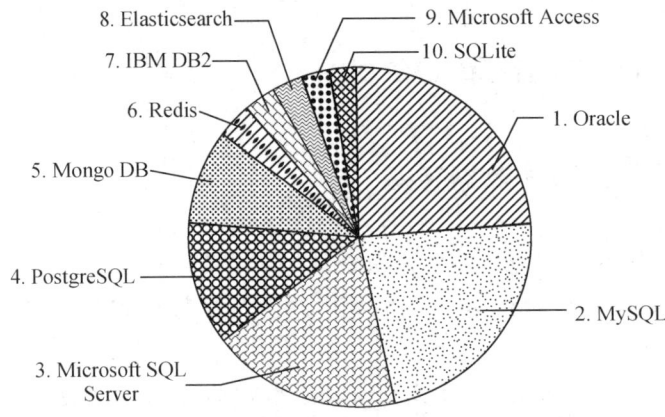

图 1-1　2022 年数据库市场占有份额

Oracle 主要使用场合：Oracle 的应用涉及金融、经济、教育、政府、企业和电子商务等多个领域。比如在国内电信行业的中国移动、中国联通，金融行业的中国银联的大部分银行，保险行业，企业等；国外的亚马逊、谷歌等。作为一种主流的数据库管理系统，它提供了丰富的功能和工具来支持分布式数据存储。其中之一是分区表，分区表是将表按照某个列进行划分，将数据分散存储在不同的分区中，从而实现分布式存储。通过分区表，可以实现数据的分布式存储、快速查询和管理。在 Oracle 的分布式存储方面，本书仅关注分区表的原理和实现。

1.1.2　分布式数据库管理系统

分布式存储是相对传统的集中式存储而言，它的兴起与互联网的发展密不可分。分布式数据库系统（Distributed Database System，DDBS）是指数据在物理上"分布存储"而在逻辑上集中管理的数据库系统。物理上"分布存储"是指分布式数据库的数据在物理存储位置上不同；逻辑上集中是指各数据库节点之间在逻辑上是一个整体，并由统一的数据库管理系统管理，不同的节点分布可以跨不同的机房、城市甚至国家。因此，分布式数据库系统的定义为：物理存储上分布到网络中不同地理位置的节点，逻辑上相互关联的数据库系统。它具有透明性、自治性、逻辑整体性、易扩充性、数据冗余性、存储容量大等特点。"物理存储上分布、逻辑上相互关联"是其要义。

分布式数据库管理系统（Distributed Database Management System，DBMS）则是支持管理分布式数据库的软件系统，它使得分布对于用户变得透明。

分布式数据库管理系统的特点如下：

- 透明性和逻辑整体性：DBMS 是支持管理分布式数据库的软件系统，它使得数据存储上的物理分布对用户透明。用户使用时不必关心 .dbf 文件的具体地理位置分布情况，使用起来具有逻辑整体性。
- 自治性：各节点上的数据由本地的 DBMS 管理，具有自治处理能力，可完成本场地的应用或局部应用。
- 存储容量大：DBMS 的基本作用之一是存储海量数据方便、访问和读取快捷。
- 数据冗余性：分布式数据库通过冗余实现系统的可靠性、可用性，并改善其性能。多个节点存储数据副本，当某一个节点的数据遭到破坏时，冗余的副本可保证数据的完整性；当工作节点受损害时，可通过心跳等机制切换，系统整体不被破坏。还可以通过热点数据的就近分布，减少网络通信的消耗，加快访问速度，改善性能。
- 易于扩展性：在分布式数据库中，可通过水平扩展提高系统的整体性能，也能够通过垂直扩展来提高性能，扩展并不需要修改系统程序。

分布式数据库还具有经济、性能优越、响应速度更快、灵活的体系结构、易于继承现有系统等特点。

1.1.3 引入 Oracle 分布式数据库

本书以经典分布式数据库管理系统 Oracle 为例展开叙述，其中分布式存储的概念主要体现在第一篇体系结构篇和第二篇对象篇。

Oracle 体系结构篇主要关注的是物理结构、逻辑结构和内存结构，它的管理机制类似于大学的管理机制。大学通常有不同校区（比如本部和分校区），类似于分布式数据库中分区表的不同分区（partition），同一所大学不同校区学生宿舍的安排应该是就近原则，类似于 Oracle 的体系结构中一个分区表的不同分区可以使用不同的表空间（逻辑结构），由于逻辑结构和物理结构主要通过表空间（tablespace）和数据文件 .dbf 文件（物理结构）实现一对多的关系，因此分区表中的信息可以存储到不同物理结构的 .dbf 文件中，从而实现了分布式存储（每句理论需在本书第 3 章实战中验证）。

体系结构的内存结构管理类似于管理者从人力（内存结构的后台进程）和财力（内存结构的系统全局区 SGA，是共享的缓冲区）方面对整所学校的动态管理。掌握体系结构的理论部分，在具体实战中会事半功倍。因此在开启 Oracle 体系结构篇之前，先关注 Oracle 12c 数据库服务器的安装与配置。

1.2　Oracle 12c 数据库服务器的安装与配置

1.2.1　下载 Oracle 12c 安装包

Oracle 安装包最新版可在官网 http://www.oracle.com 下载，旧版可到网址 https://edelivery.oracle.com/下载，如图 1-2 所示。Oracle 12c 及以上版本需要在 Windows 10 及以上操作系统上安装（也可下载 Linux 平台 Oracle 版本，本书安装以 Windows 平台为例说明）。

（1）注册或登录账号，如图 1-2 所示。

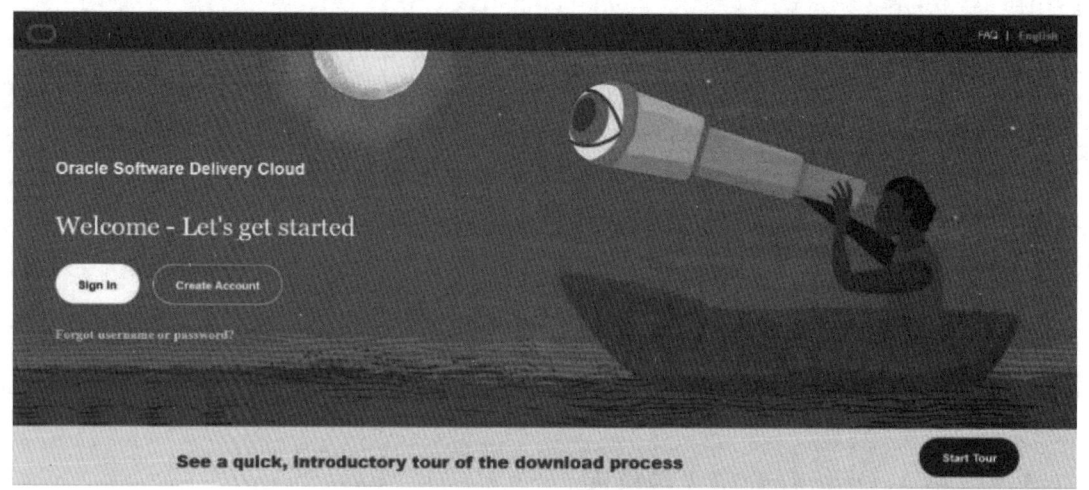

图 1-2　下载 Oracle 12c 数据库登录页面

（2）搜索并下载 Oracle 12c 安装包

登录成功后，在搜索框中输入 Oracle Database 12c，搜索结果如图 1-3 所示，选择 Oracle Database 12c 12.1.0.2.0，进入图 1-4 所示界面。

取消其他选项，仅选择"Oracle Database 12.1.0.2.0"，Platforms/Languages 选择 "Microsoft Windows x64(64-bit)"，结果如图 1-5 所示，完成软件下载。注意：将下载后的代码解压到同一个文件夹下以备安装。

第 1 章 分布式数据库 Oracle 安装与配置

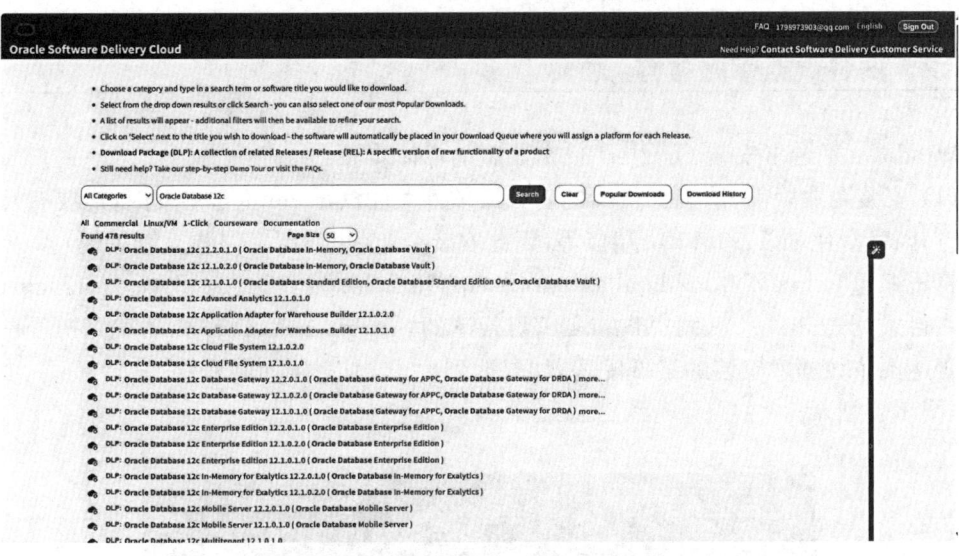

图 1-3　搜索 Oracle Database 12c

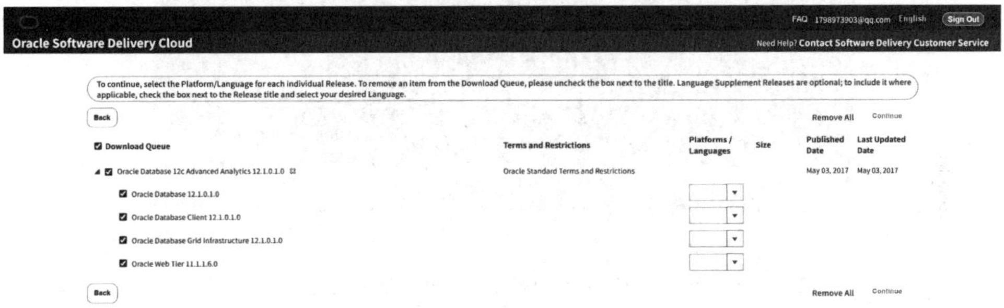

图 1-4　跳转界面

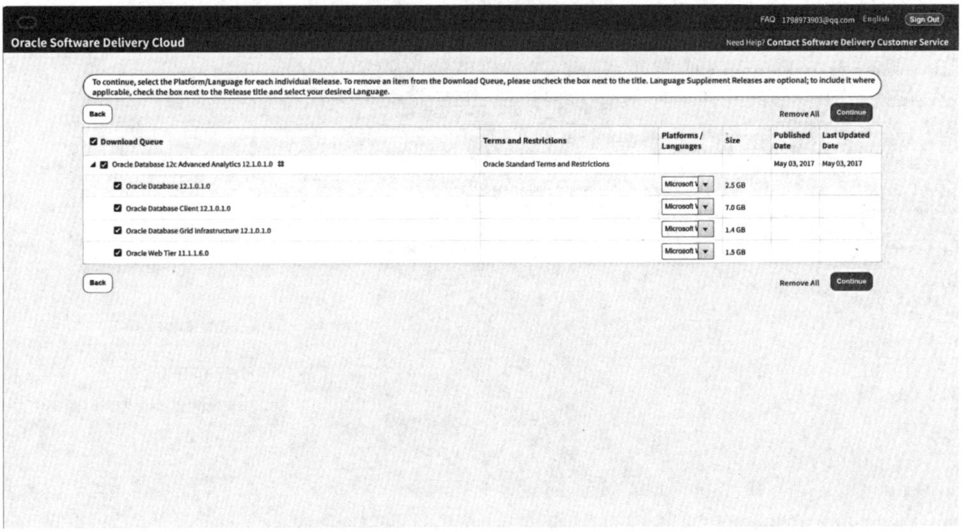

图 1-5　下载界面

1.2.2 安装数据库服务器

Windows 平台下安装 Oracle 12c 企业版的具体步骤：

（1）安装企业版前，请确保机器的防火墙软件关闭（Oracle 正常启动时，需要有几个端口是打开状态，比如 5500、1521 端口等，因此安装企业版时，请确保防火墙关闭）。

将压缩包"winx64_12c_database_1of2.zip"和"winx64_12c_database_2of2.zip"解压到同一目录"database"。双击"database"目录下的"setup.exe"，软件会加载并初步校验系统是否达到了数据库安装的最低配置，如果达到要求，则直接加载程序并进行下一步的安装，如图 1-6 所示。

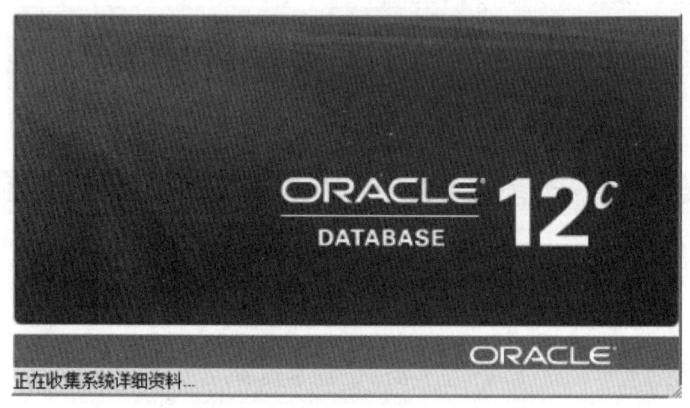

图 1-6　安装前检验系统是否达到数据库最低配置界面

（2）安装进入"配置安全更新"窗口，建议取消"我希望通过 My Oracle Support 接受安全更新"，单击"下一步"。注：此处若出现延迟或错误请查看下方"临时位置权限错误解决方案"，否则请继续下一步，如图 1-7(a)(b)所示。

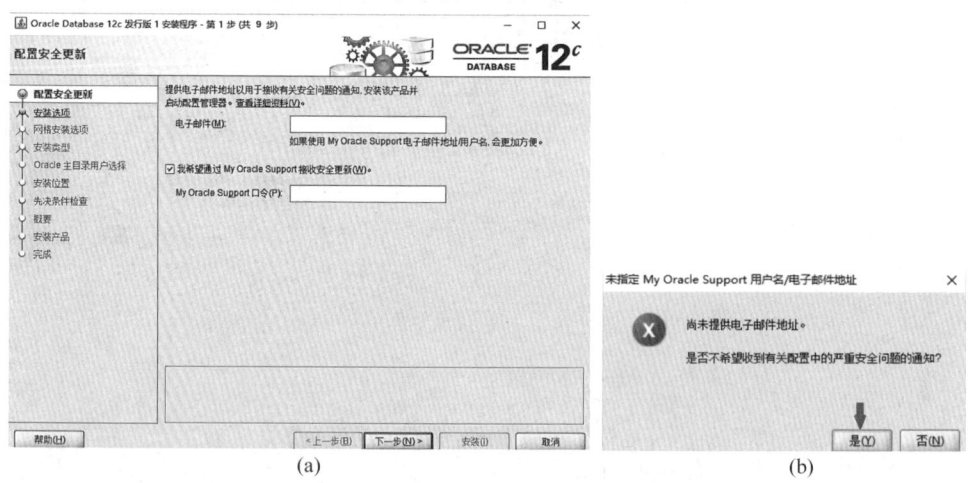

图 1-7　配置安全更新窗口，取消接受更新选项

(3)在"软件更新"窗口中,建议选择"跳过软件更新",点击"下一步",如图1-8所示。

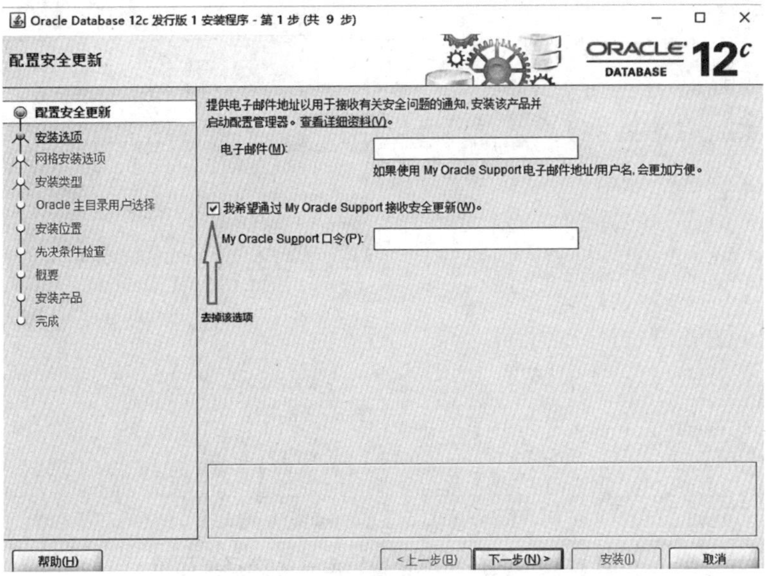

图1-8 配置安全更新窗口,跳过软件更新

(4)在"安装选项"窗口中,请选择"创建和配置数据库",单击"下一步",如图1-9所示。

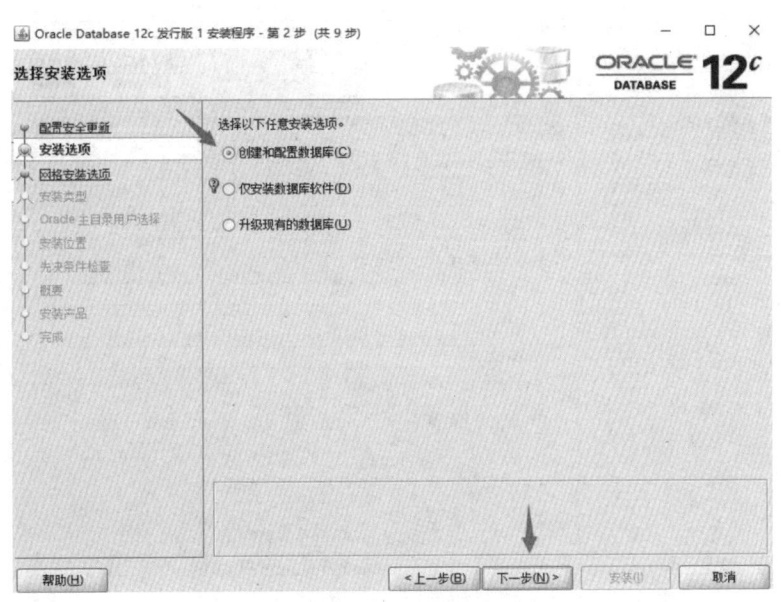

图1-9 创建和配置数据库

(5)在"系统类"窗口中,根据需要选择"桌面类"或"服务器类",选择"服务器类"可以进行高级的配置,这里选择"桌面类",单击"下一步",如图1-10所示。

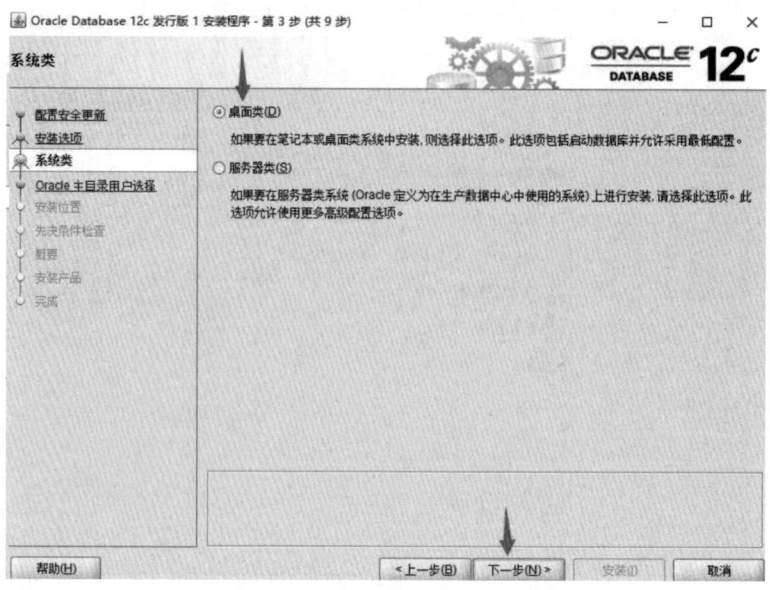

图 1-10　创建和配置数据库——选择桌面类

（6）选择是否建立新的 Windows 用户，此项功能专门管理 Oracle DBMS，选择第二个"创建新 Windows 用户"，输入用户名和口令。注意：此用户名和密码是登录 Windows 的用户名/密码，单击"下一步"，如图 1-11 所示。

图 1-11　安装界面——指定 Oracle 所在 Windows 用户

（7）在"典型安装配置"窗口中，选择 Oracle 的基目录。注意：数据库版本选择"企业版"，字符集选择"默认值"。输入数据库名和密码（需要大写字母＋小写字母＋数字的形式），口令务必记好，安装成功后登录数据库时需使用，勾选"创建为容器数据库"选项，单击"下一步",如图 1-12 所示。

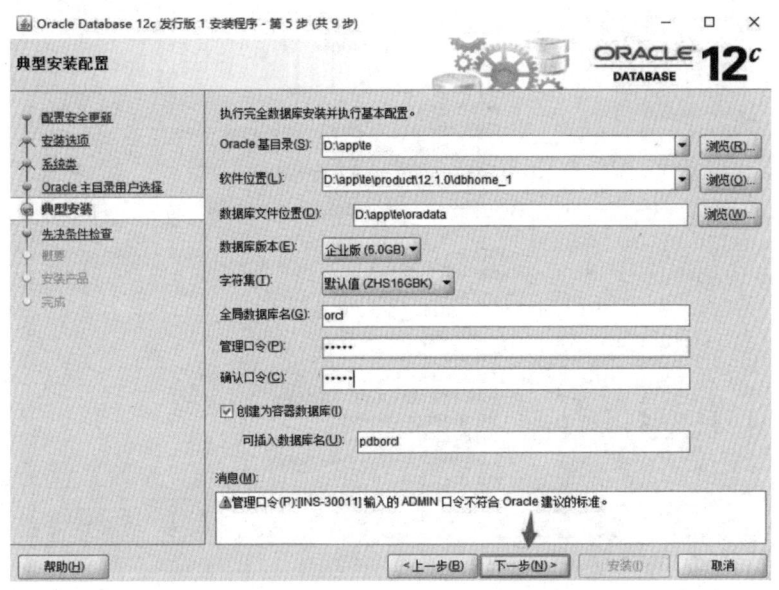

图 1-12　安装位置,一般选在非系统盘

(8) 若弹出警示框,选择"是",进入先决条件检查页面,通过后自动跳转,如图 1-13(a)(b)所示。

图 1-13　执行先决条件检查

(9) 执行先决条件检查通过后,会生成安装设置概要信息,如图 1-14 所示,可以保存这些设置信息到本地,方便以后查阅,在这步确认后,单击"安装",数据库通过这些配置进行安装。

(10) 开始安装数据库,安装时间根据机器情况需要 20 分钟左右,请耐心等待,如图 1-15 所示。

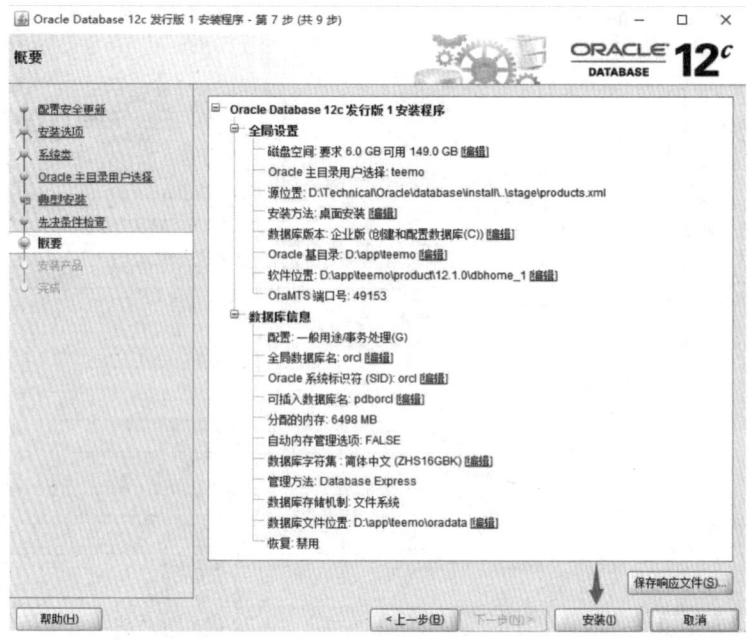

图1-14 生成概要,进入正式安装

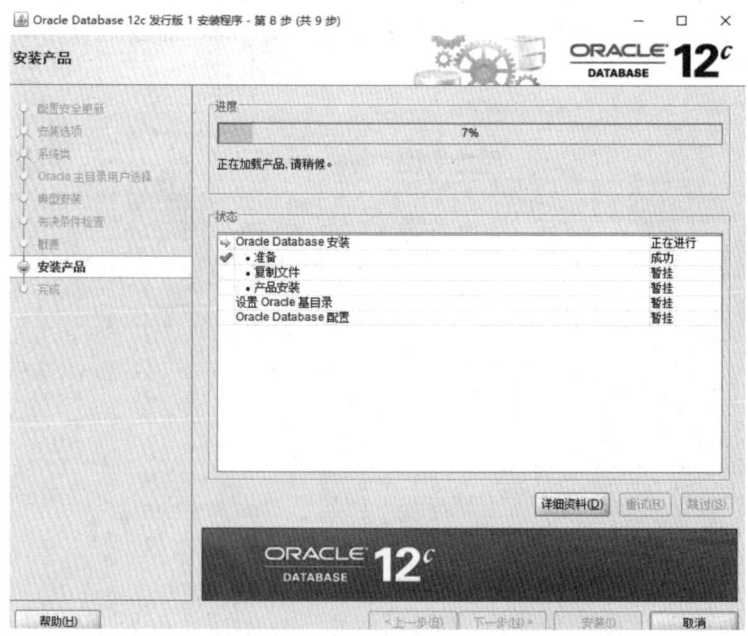

图1-15 正式安装Oracle 12c企业版

(11)数据库实例安装成功后,会弹出口令管理窗口,建议学习时可以将所有用户设置为统一口令。必须记住超级管理员sys口令及system用户口令,如忘记其他用户口令,可以登录system用户,通过命令alter user修改该用户的新口令(system用户的权限高,通常可以修改其他用户的登录口令,口令忘记后,只能修改口令,不可找回原口令)。严格情况下，口令需要符合 Oracle 口令规范（大写字母＋小写字母＋数字），为方便记忆，system 用户登录口令设置为 test，具体细节如图 1-16 所示。

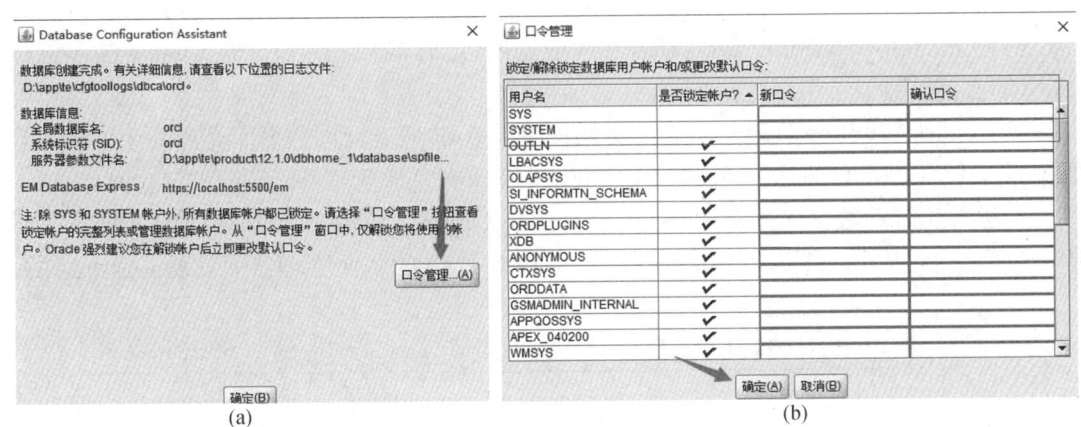

图 1-16　Oracle 企业版口令管理

（12）安装完成后，出现图 1-17(a)所示界面，单击"关闭"。按照提示，访问 https://localhost:5500/em，输入用户名和密码，查看数据库运行状态，进行新建表空间和用户配置（具体实战在第三章），并验证是否安装成功。

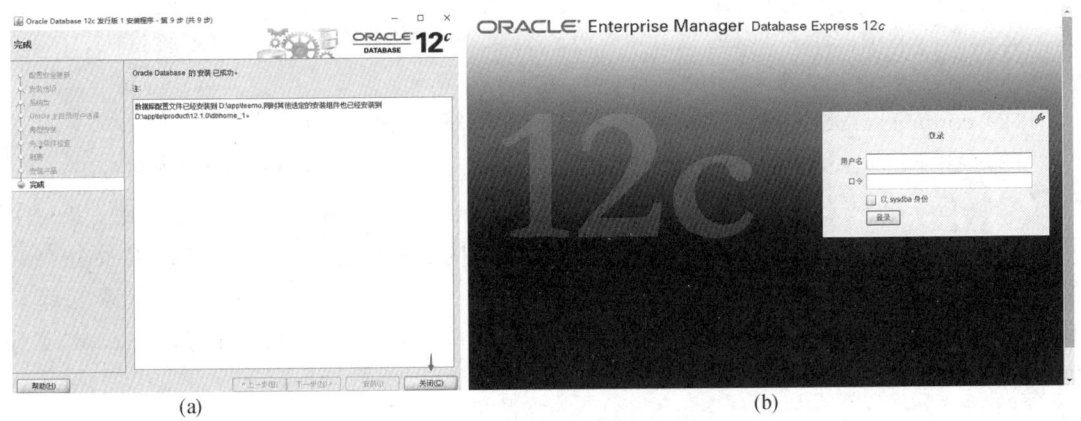

图 1-17　Oracle 企业版验证安装成功

1.2.3　Oracle 常用服务

Oracle 安装成功后，在计算机控制面板的管理工具中与 Oracle 相关的常见服务有：

（1）OracleServiceORCL：数据库服务（数据库实例），是 Oracle 核心服务，该服务是数据库启动的基础，只有该服务启动，Oracle 数据库才能正常启动。（必需启动）

（2）OracleOraDB12c_home1TNSListener：监听器服务，只有在数据库需要远程访问的时候才需要。

（3）OracleDBConsoleorcl：Oracle 数据库控制台服务，orcl 是 Oracle 的实例标识，默认的实例为 orcl。运行 Enterprise Manager（企业管理器 OEM）的时候，需要启动这个服务。（非必需启动）

（4）OracleJobSchedulerorcl：Oracle 作业调度（定时器）服务，orcl 是 Oracle 的实例标识。（非必需启动）

（5）OracleMTSRecoveryService：服务端控制服务，该服务允许数据库充当一个微软事务服务器 MTS、COM/COM+对象和分布式环境下的事务资源管理器。（非必需启动）

一般需要启动数据库服务 OracleServiceorcl，OracleOraDb12c_home1TNSListener 监听服务也要开启。OracleDBConsoleorcl 是进入基于 Web 的企业管理器 EM 所必需开启的。

1.2.4 登录 Oracle 的几种方法

进入 Oracle 系统（打开系统的一个会话 session），有以下几种方法：

（1）PL/SQL developer 方式：采用 Oracle 12c 自带的 PL/SQL developer 工具登录系统。

（2）命令方式：在开始-运行窗口，输入登录命令 sqlplus system/test，登录 system 用户。

（3）命令方式：sqlplus system/test@数据库名 as SYSDBA，该方式是以系统管理员 DBA 的身份登录 Oracle 系统。

忘记密码的情况下，可以通过 nolog 方式登录到 SQL>界面后，修改系统密码。

（1）sqlplus/nolog 进入 Oracle 会话。

（2）conn/as SYSDBA，采用 conn 命令以 sys 身份登录数据库。

（3）Alter user scott account unlock identified by test，给 scott 用户重新分配口令 test。

安装 Oracle 服务器企业版后，我们正式进入第 2 章 Oracle 体系结构之旅，以一个管理者的角度，来思考 Oracle 体系结构的物理结构、逻辑结构、内存结构，以及分布式数据库管理系统是如何正常工作和管理运转的。介绍完体系结构之后，在第二篇对象篇中使用第一篇实战时建立的表空间（第 3 章），通过分区表（partition table）实现分布式存储。

1.3 习题

1. 简述分布式数据库及其特点。
2. 简述 Oracle 安装好后有哪些服务？哪些服务是日常工作时常开启的服务，为什么？
3. 请查看课外阅读资料，描述 Oracle 监听的含义和作用。
4. 对于 Oracle 的分布式存储，原理实践部分集中在第 2、3 章中，请简要说明即将进入的 Oracle 体系结构，包含哪几部分（可参考第 2 章）。
5. 查阅资料，简述数据库管理系统的应用领域。

第 2 章　Oracle 体系结构

> **本章重点：**
> - 掌握 Oracle 的物理存储结构及查看物理结构时需要的数据字典。
> - 掌握 Oracle 的逻辑存储结构及各逻辑结构的层次关系，通过命令查看和理解其结果。
> - 掌握 Oracle 的实例概念和内存结构的构成。
> - 掌握物理存储结构和逻辑存储结构之间的关系。
> - 掌握物理存储结构和内存结构之间的关系。
> - 熟悉 Oracle 数据字典的作用。

Oracle 数据库的体系结构，可以用来分析数据库的组成和工作过程，以及数据库是如何组织和管理数据的。

Oracle 系统体系结构由三部分组成：逻辑结构、物理结构和内存结构。物理结构：数据库实际的数据存储单元，由存储在磁盘中的操作系统的文件组成，如数据文件和数据块。逻辑结构：数据概念上的组织，如数据库或表。逻辑结构从逻辑的角度来分析数据库的构成，数据库创建后，利用逻辑概念来描述 Oracle 数据库内部数据的组织和管理形式，是从人的思维角度对数据库的理解，类似于数据结构的物理结构和逻辑结构。

图 2-1 为 Oracle 实例的主要构件，图 2-2 为 Oracle 物理结构和逻辑结构之间的关系，结合前言中介绍的 Oracle 体系结构框架图，这三个图是 Oracle 体系结构的重点，也是 Oracle 学习的重中之重，很多实践上的错误，如表空间的创建和管理，究其根源是出在对体系结构的掌握上，例如物理结构和逻辑结构的混淆，系统全局区（SGA）、后台进程、Oracle 实例等重要术语的理解，各种关系如表空间、段、数据文件关系的掌握等，这也是本章要掌握的主要内容。

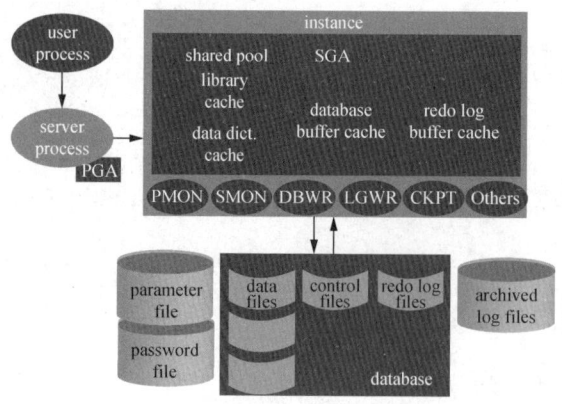

图 2-1 Oracle 实例的主要构件

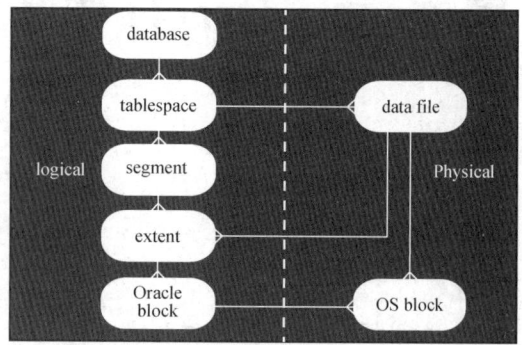

图 2-2 Oracle 物理结构和逻辑结构关系

2.1 Oracle 的物理结构

2.1

Oracle 物理文件主要包括数据文件(data file):后缀为.dbf,日志文件(redo log file):后缀为.log 或者.rdo,控制文件(control file):后缀为.ctl,归档文件:后缀为.arc,配置文件:后缀为.ora 等。Oracle 在运行时需要使用这些文件。

2.1.1 数据文件

1. 数据文件(data file)

数据文件是指存储数据库中数据的文件。数据文件用来存储数据库中的全部数据,如存储数据库表中的数据和索引数据,通常是后缀名为.dbf 格式的文件。Oracle 数据库的每个表空间包括一个或多个数据文件。Oracle 数据库中所有的数据信息都存放在数据文件中,是存储在文件系统中实际的物理文件。

2. 数据文件存放两种类型的数据

数据文件存放的数据有两类:用户数据和系统数据。用户数据:用户应用系统的数据。系统数据:管理用户数据和 Oracle 系统本身的数据。用户建立的表名、列名这些数据自动被存放在系统表空间对应的 system01.dbf 文件中;Oracle 系统内部的数据字典、表如 dba_users、dba_data_files 等存放的数据属于 Oracle 系统内部的数据,也存放在系统表空间对应的 system01.dbf 文件中。

3. 数据库、表空间和数据文件之间的关系

图 2-3 为数据库、表空间和数据文件之间的关系。

- 一个数据文件只能属于一个表空间。
- 数据文件创建后可改变大小。

- 创建新的表空间需创建新的数据文件。
- 数据文件一旦加入表空间，则不能和其他表空间发生联系。

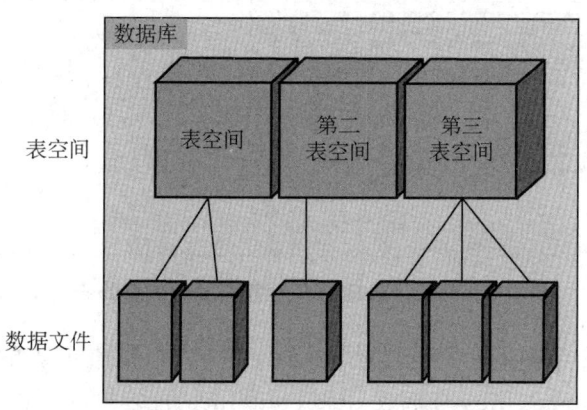

图 2-3 数据库、表空间和数据文件之间的关系

4. 数据文件的数据字典

Oracle 的数据字典是系统运行过程中由系统管理员 DBA 维护的表和视图，由于数据字典是系统表，用户可以通过 select 语句查询其内容，但是其修改由系统自动进行。与数据文件相关的数据字典主要有两个：dba_data_files 和 v$datafile。

```
SQL>select file_name,file_id,tablespace_name from dba_data_files;
SQL>select file#,name,checkpoint_change# from v$datafile;
```

查询当前数据库所有的表空间及其对应的数据文件，对应结果如图 2-4、图 2-5 所示。

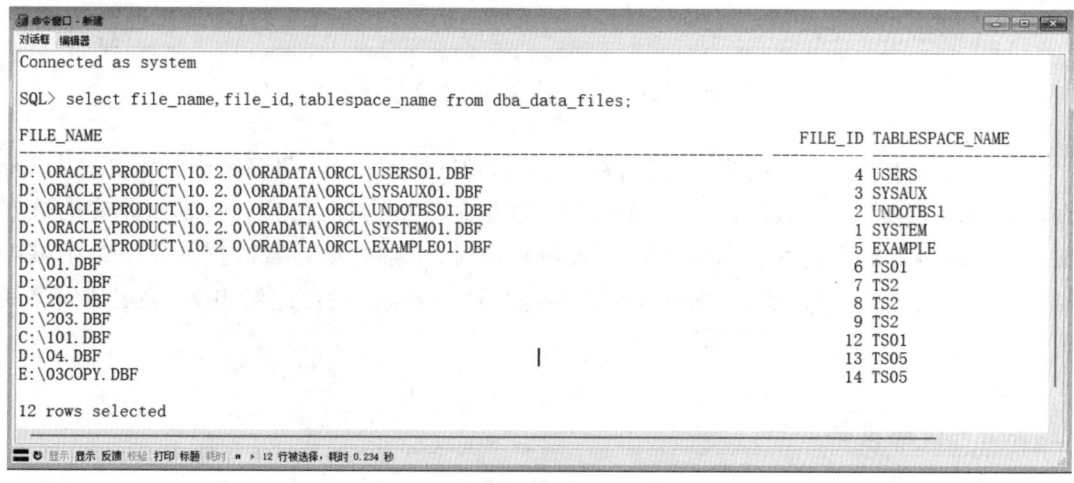

图 2-4 Oracle 物理结构中数据文件信息的查询 1

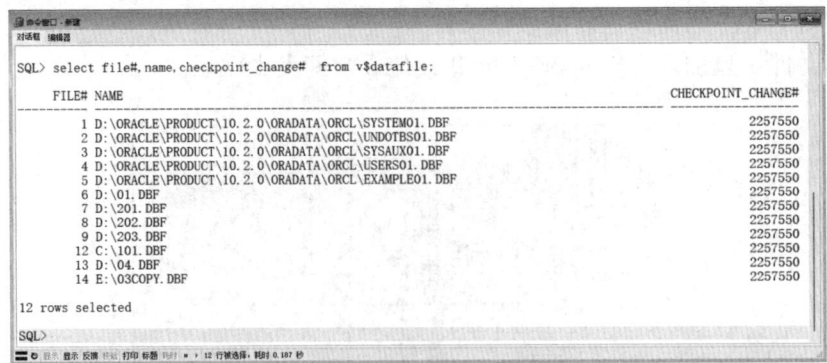

图 2-5 Oracle 物理结构中数据文件信息的查询 2

补充：describe 命令查询对象的结构。"desc 表名"可以查询表的结构信息，如图 2-6 所示，通过 desc dba_data_files 查询表 dba_data_files 的结构，包括字段名字、类型及字段描述信息。

图 2-6 SQL*PLUS desc 命令示例

数据文件中的数据在需要时可以读取并存储在 Oracle 内存存储区中。例如：用户要存取数据库某表的一些数据，如果请求信息不在数据库的内存存储区内，则从相应的数据文件中读取并存储在内存。当修改和插入新数据时，不必立刻写入数据文件。为了减少磁盘输出的总数，提高性能，数据存储在内存，然后由 Oracle 后台进程 dbwr 决定如何将其写入相应的数据文件。

2.1.2 日志文件

1. 日志文件(log file)

日志文件(重做日志文件——redo log)，用于记录数据库所做的全部变更(如增加、删除、修改)及由 Oracle 内部行为而引起的数据库变化信息。数据修改信息后,数据文件中只保留修改后的数据,日志文件中既保留修改后的数据,又保留修改前的数据。日志文件主要是保护数据库以防止故障。为了防止日志文件本身的故障,Oracle 允许镜像日志(mirrored redo log),因此可在不同磁盘上维护两个或多个日志副本。日志文件中的信息仅在系统故障或介质故障恢复数据库时使用,这些故障可能会阻止将数据库数据写入数据库中的数据文件。然而任何丢失的数据在下一次打开数据库时,Oracle 会自动地应用日志文件中的信息来恢复数据库中的数据文件。

因此,日志文件的目的是记录数据的改变,提供数据库的恢复。每一个数据库有两个或多个日志文件的组,每一个日志文件组都用于收集数据库日志。日志的主要功能是记录对数据所作的修改,所以对数据库作的全部修改都记录在日志中。在出现故障时,如果不能将修改数据永久地写入数据文件,则可利用日志得到该修改,所以从不会丢失已有操作成果。对表或整个表空间设定 nologging 属性时,基于表或表空间的所有 DML 操作将不会生成日志信息。

重做日志文件具有多元性,如图 2-7 所示。
- 一个数据库至少需要两个重做日志文件。
- 多元日志文件(multiplexed redo log)——系统在不同的位置自动维护重做日志的两个或两个以上的副本。

2. 日志文件的运行流程

日志文件是按照组有序循环的方式被使用的,在日志文件中,有组(group)和成员(member)的概念,每组日志至少包含一个日志文件,每组中的日志成员原则上记录一样的内容。"按组有序循环"即当一组日志文件被填满后,循环覆盖下一组日志文件,不断循环。当所有日志文件组都被写满后,就回到第一组日志文件,如图 2-8 所示。

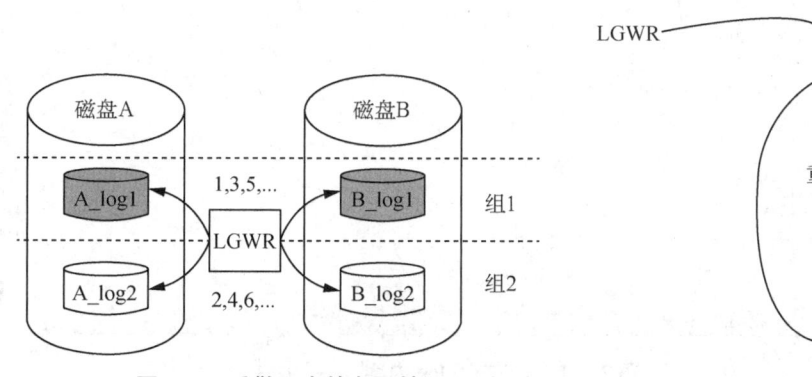

图 2-7 重做日志的多元性

图 2-8 LGWR 后台进程管理写入重做日志文件的过程

说明:LGWR 是日志写入后台进程(体系结构篇的内存结构中的一部分),图 2-8 描述的是日志文件在 LGWR 的管理下,按组有序循环的工作过程。

3. 查看重做日志信息

日志文件相关数据字典主要有 v＄log 和 v＄logfile，其结构如图 2-9 所示，图 2-10 为查询得到的 v＄log 内容，图 2-11 为在企业管理器下查询日志文件信息。

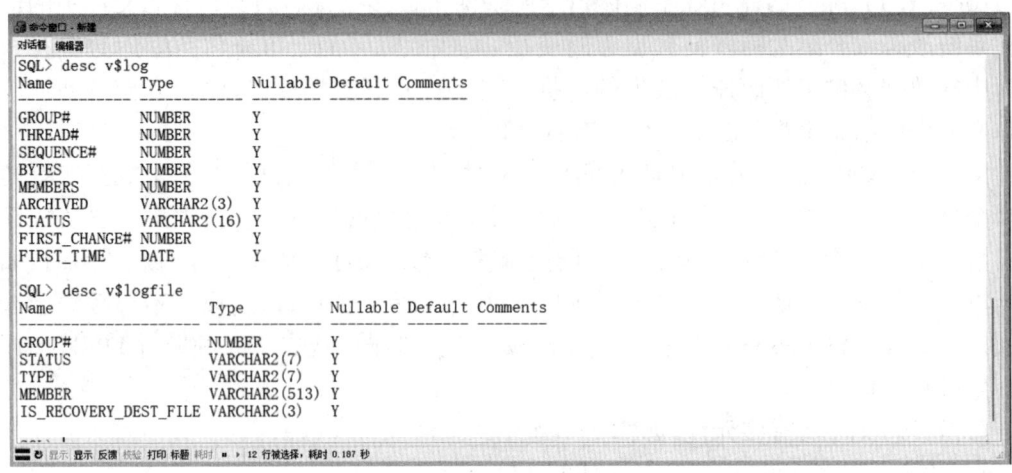

图 2-9　desc 查询 v＄log 和 v＄logfile

查询视图 v＄log：

```
SQL> select group#, archived, status from v$log;
```

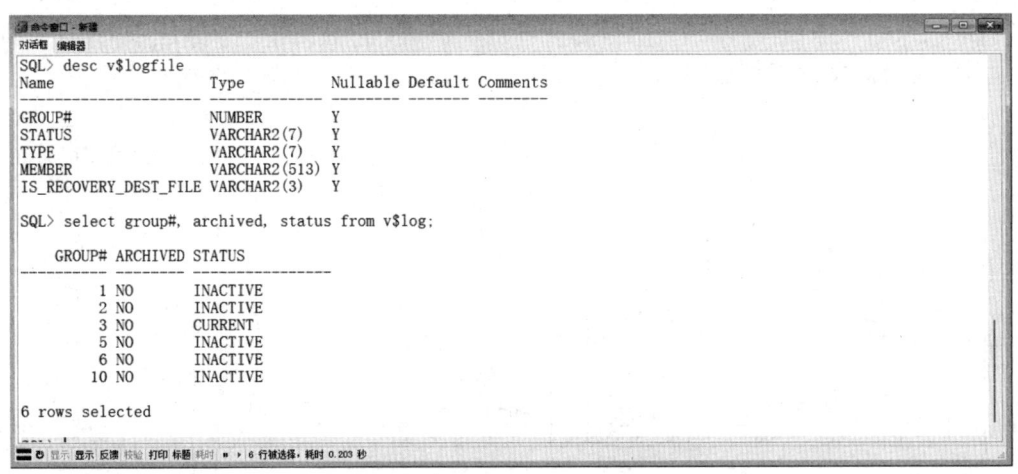

图 2-10　查询 v＄log 内容

4. 创建和修改重做日志组和成员

日志文件的创建、增加和删除属于 SQL 语句中的数据定义（DDL）语句，由于日志文件属于整个数据库，所以该部分的执行命令由 Alter database 完成，这也是 Oracle 数据库处理过程中粒度最大的、达到数据库级的操作。

在使用 Alter database 语句创建重做日志时，注意日志文件有组和成员的概念，原则

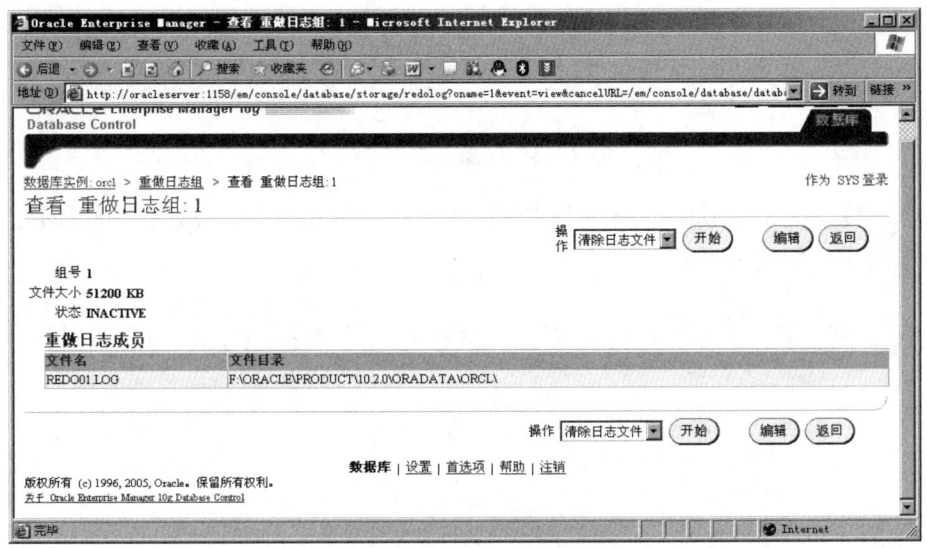

图 2-11　在企业管理器下查询日志文件信息

上一个组中的成员的日志信息是一样的。

【例 2-1】　在使用 Alter database 语句创建重做日志组时，可以使用 group 子句定义组编号，如图 2-12 所示。

```
SQL>alter database
add logfile group 10 ('log1a.rdo', 'log2a.rdo') size 5000k;
```

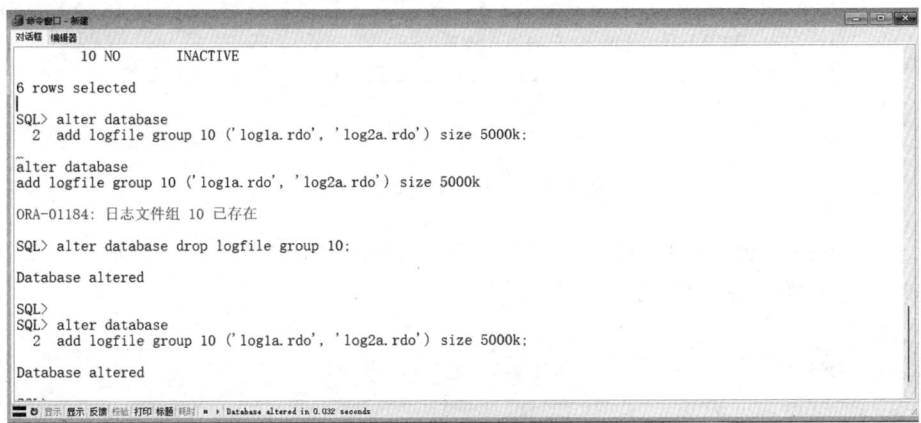

图 2-12　增加日志文件组 1

【例 2-2】　在 Alter database 语句中使用 add logfile 子句也可以创建重做日志组，如图 2-13 所示。

```
SQL>alter database
add logfile('log3a.rdo', 'log4a.rdo') size 5000k;
```

```
SQL> alter database
  2  add logfile('log3a.rdo','log4a.rdo') size 5000k;
Database altered
```

图 2-13 增加日志文件组 2

【例 2-3】 在 alter database 语句中使用 add logfile member 关键字，可以向已存在的重做日志组中添加成员，如图 2-14 所示。

```
SQL>alter database add logfile member 'log3.rdo' to group 10;
```

```
SQL> alter database add logfile member 'log3.rdo' to group 10;
Database altered
SQL>
```

图 2-14 增加日志文件成员

注意：带 member 的日志添加没有 size 语句。请思考为什么？

5. 删除重做日志

drop logfile member 子句也可以删除指定的重做日志成员。

【例 2-4】 删除重做日志成员 log1.rdo，如图 2-15 所示。

```
SQL>alter database drop logfile member 'log1a.rdo';
```

```
SQL> alter database drop logfile member 'log1.rdo';
SQL> alter database drop logfile member 'log1.rdo';
ORA-00360: 非日志文件成员: log1.rdo
SQL> alter database drop logfile member 'log1a.rdo';
Database altered
SQL>
```

图 2-15 删除日志文件成员

drop logfile group 子句也可以删除指定的重做日志组，如图 2-16 所示。

【例 2-5】 删除编号为 10 的重做日志组：

```
SQL>alter database drop logfile group 10;
```

```
SQL> alter database drop logfile
  2  group 10;
Database altered
SQL>
```

图 2-16 删除重做日志组

2.1.3 归档日志

1. 归档文件(.arc)

Oracle 数据库允许将被填充满的重做日志文件组保存到一个或者多个离线的位置，这叫作归档重做日志，简称归档日志。将重做日志文件转换为归档文件的过程叫归档。根据事务信息将被覆盖时，是否应该将文件归档，数据库分为以下两种归档模式：archive log(归档日志)和 noarchive log(非归档日志)模式。归档过程只能在 archive log 模式下的数据库中进行。archive log 模式：采用生成归档日志的模式。noarchive log 模式：采用不生成归档日志的模式。

2. 查看归档日志信息

【例 2-6】 使用 archive log list 命令可以显示归档日志信息，如图 2-17 所示。

```
SQL> archive log list;
数据库日志模式存档模式
自动存档启用
存档终点 USE_DB_RECOVERY_FILE_DEST
最早的联机日志序列 22
下一个存档日志序列 22
当前日志序列 25
```

注意：该命令请在 sys 用户下处理，且建议用 Oracle 自带的 SQLplus，而非 PL/SQL developer 工具。另外也可以通过数据字典 v$database 查询，如图 2-17 所示。默认情况下，Oracle 不采用归档模式，这种模式下相当于日志未作历史备份，不可以借助日志来进行数据恢复。非归档模式只能做全备，而且只能做离线备份(冷备份)，在数据恢复时只能全恢复。而归档模式可以做部分备份、部分恢复、在线备份(数据库不需要关闭也能恢复，即热备份，这部分放在数据库的恢复和备份中)。

```
SQL> select dbid,name,log_mode from v$database;

SQL>select dbid,name,log_mode from v$database;
    DBID   NAME      LOG_MODE
    ---------- ---------- ------------
    1693604633 ORCL      NOARCHIVELOG
SQL>
```

图 2-17 数据库归档情况的查询

3. 与归档日志相关的数据字典

与归档日志相关的数据字典见表 2-1。

表 2-1 与归档日志相关的数据字典表

段类型	说明
v＄database	显示数据库处于归档日志模式（archivelog）还是非归档日志模式（noarchivelog）
v＄archive_processes	显示一个数据库实例的不同归档进程的状态信息
v＄backup_redolog	显示备份和归档日志信息
v＄log	显示所有重做日志组，表明哪些重做日志组需要被归档
v＄log_history	显示日志的历史信息

2.1.4 控制文件

1. 控制文件(.ctl)

Oracle 数据库系统在运行前首先要转到控制文件，以检查数据库是否良好。每个 Oracle 数据库都有相应的控制文件，用于打开、存取数据库，它们是较小的二进制文件，记录了数据库的物理结构。控制文件名字通常为 Ctr*.ctl 格式。控制文件中的内容只能由 Oracle 本身来修改。每个数据库必须至少拥有一个控制文件，一个数据库也可以同时拥有多个控制文件，但是一个控制文件只能属于一个数据库。

控制文件用于记录与描述数据库的外部结构。主要包括：

（1）Oracle 12c 数据库的名称与建立时间。

（2）数据文件与重做日志文件的名称及其所在位置。

（3）日志记录序列码(log sequence number)。

2. 查询控制文件的相关信息

```
SQL>select * from v$controlfile; /* 结果如图 2-18 所示 */
```

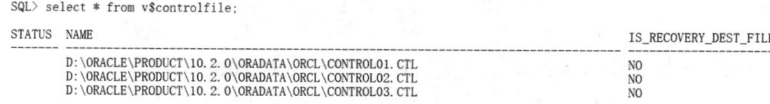

图 2-18 数据库控制文件的查询

2.1.5 配置文件

配置文件是一个 ASCII 文本文件，记录 Oracle 数据库运行时的一些重要参数。文件名字通常为 *.ora 格式，如 SPfile.ora 文件、数据库实例初始化文件 initSID.ora、 listener.ora 文件、sqlnet.ora 文件、tnsnames.ora 文件。

配置文件一般在 Oracle 安装目录＄home/network/admin 下，如 sqlnet.ora、tnsnames.ora、listener.ora 等，它们具有不同的作用，如 tnsnames.ora 用在 Oracle client 端，用于给用户配置连接数据库的别名参数，就像系统中的 hosts 文件一样；listener.ora 用在 Oracle server 端，用以配置 Oracle 服务端程序的监听办法，比如限制某些 ip 等参数。

2.1.6 其他文件

Oracle 数据库还具有警告文件、跟踪文件等。数据库正常运转过程中，无须关注跟踪文件和警告文件，如果数据库遇到故障，可以通过跟踪文件和警告文件来查询 Oracle 实例和进程的信息，以便查找和排除故障。当一个进程发现了一个内部错误，它可以将关于错误的信息存储到跟踪文件中，警告文件是一种特殊的跟踪文件。

警告文件：警告文件也被称为警告日志，名称通常为 alert.log，是纯文本文件，它是一个特殊的跟踪文件，记录了数据库中 DBA 级别的管理操作以及实例内部的错误信息。

跟踪文件：每个服务进程和后台进程在运行过程中都可以将一些特殊的信息写入对应的操作系统文件中，这个操作系统文件称为跟踪文件。

每个服务进程和后台进程都具有一个对应的跟踪文件，当进程发现一个内部错误时，它会将相应的错误信息记录在它的跟踪文件中，DBA 可以对跟踪文件进行检查，以便找出故障所在。

2.1.7 物理结构小结

文件名称	命名后缀	查看时相关数据字典或 sqlplus 语言
数据文件	.dbf	dba_data_files 和 v＄datafile
控制文件	.ctl	v＄controlfile
重做日志文件	.log	v＄log 和 v＄logfile
配置文件	.ora	
归档文件	.arc	archive log list 和 v＄database

2.2 Oracle 的逻辑结构

2.2

Oracle 的逻辑结构是一种层次结构。主要由表空间、段、区和数据块等概念组成。逻辑结构是面向用户的，用户使用 Oracle 开发应用程序使用的就是逻辑结构。数据库存储层次结构及其构成关系、结构对象也从数据块到表空间形成了不同层次的粒度关系，如图 2-19 所示，图 2-20 为 Oracle 逻辑结构之间的包含关系。

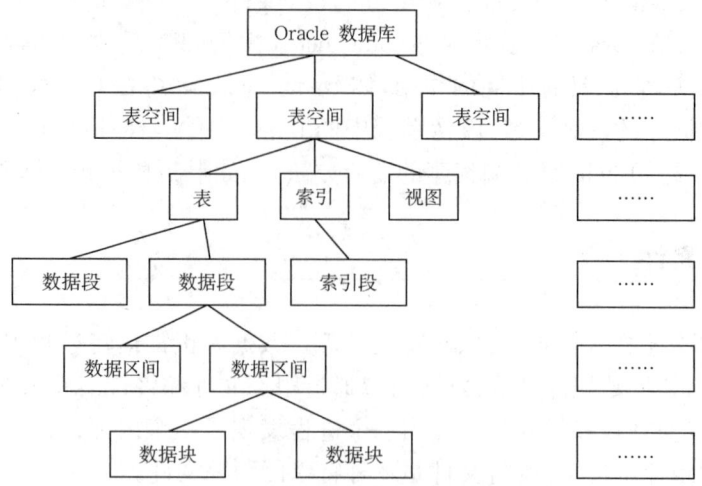

图 2-19　数据库存储的层次结构

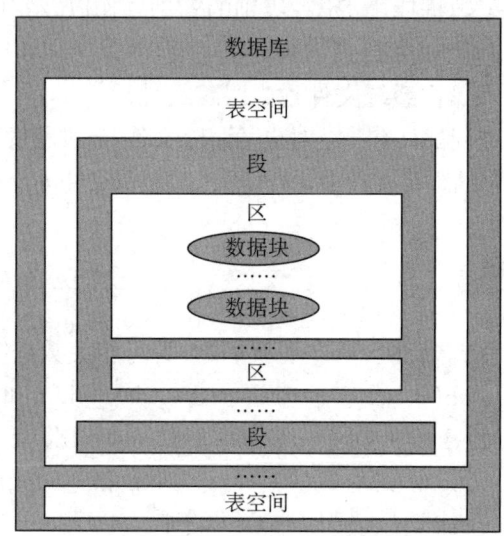

图 2-20　Oracle 逻辑结构之间的关系

2.2.1　表空间(tablespace)

1. 表空间

表空间是 Oracle 中最大的逻辑存储结构,它与物理上的一个或多个数据文件相对应,每个 Oracle 数据库都至少拥有一个表空间,表空间的大小等于构成该表空间的所有数据文件大小的总和。

表空间是数据库的逻辑划分。任何数据库对象在存储时都必须存储在某个表空间中。表空间对应于若干个磁盘文件,即表空间是由一个或多个磁盘文件构成的。表空间相当于操作系统中的文件夹,也是数据库逻辑结构与物理文件之间的一个映射。

2. 系统自带表空间

表 2-2 为 Oracle 安装好后系统自带的表空间。

表 2-2　**Oracle 安装好后系统自带的表空间**

表空间	说明
sysaux	辅助系统表空间。用于减少系统表空间的负荷，提高系统的作业效率。该表空间由 Oracle 系统内部自动维护，一般不用于存储用户数据。
system	系统表空间。用于存储系统的数据字典、系统的管理信息和用户数据表等。
temp	临时表空间。用于存储临时的数据，例如存储排序时产生的临时数据。 临时表空间本身不是临时存在的，而是永久存在的，只是保存在临时表空间中的段是临时的。临时表空间的存在，可以减少临时段与存储在其他表空间中的永久段之间的磁盘 I/O 争用。
undo	撤销表空间。用于在自动撤销管理方式下存储撤销信息。在撤销表空间中，除了回退段以外，不能建立任何其他类型的段。所以，用户不可以在撤销表空间中创建任何数据库对象。
users	用户表空间。用于存储永久性用户对象和私有信息。

系统表空间（system tablespace）是每个 Oracle 数据库都必须具备的。其功能是在系统表空间中存放诸如表空间名称、表空间所含数据文件等数据库管理所需的信息。系统表空间的名称是不可更改的。系统表空间必须在任何时候都可以使用，这是数据库运行的必要条件。因此，系统表空间是不能脱机的。系统表空间包括数据字典、存储过程、触发器和系统回滚段。为避免系统表空间产生存储碎片以及争用系统资源，应创建一个独立的表空间来单独存储用户数据。

sysaux 表空间是随着数据库的创建而创建的，它充当 system 的辅助表空间，主要存储除数据字典以外的其他对象。sysaux 也是许多 Oracle 数据库的默认表空间，它减少了由数据库和 DBA 管理的表空间数量，降低了 system 表空间的负荷。

system 和 sysaux 是最常用也是最重要的两个表空间。如果这两个表空间出现了问题，那么数据库会产生大量的问题。所以这两个表空间的状态一定是联机状态（online），而且在表空间存放的是它的核心功能。比如数据字典，其实是系统的核心表；辅助的表空间，包括数据库的管理组件，都是放在这两个表空间里。一旦这两个表空间发生损坏，整个数据库就会发生宕机，无法使用。经常遇到的数据库恢复问题，都和数据库的这两个表空间有关。

临时表空间（temporary tablespace）相对于其他表空间而言，主要用于存储 Oracle 数据库运行期间所产生的临时数据。数据库可以建立多个临时表空间。当数据库关闭后，临时表空间中所有数据将被清除。除临时表空间外，其他表空间都属于永久性表空间。

撤销表空间（undo tablespace）用于保存 Oracle 数据库撤销的信息，即保存用户回滚段的表空间称之为回滚表空间（或简称为 RBS 撤销表空间）。

users 表空间，用于存放永久性用户对象的数据和私有信息。每个数据块都应该有一个用户表空间，以便在创建用户时将其分配给用户。

除去以上种类外,Oracle 10g 以上版本还提供了一种新的表空间,大文件表空间(bigfile tablespace),它只能包含一个大文件,但文件大小可以达到 4 GB 以上。关于表空间的创建与修改会在下一章进行详细讲解,故本章只做简略介绍。

3. 查询表空间

查询表空间信息,如图 2-21 所示。

```
SQL> select * from dba_data_files;
```

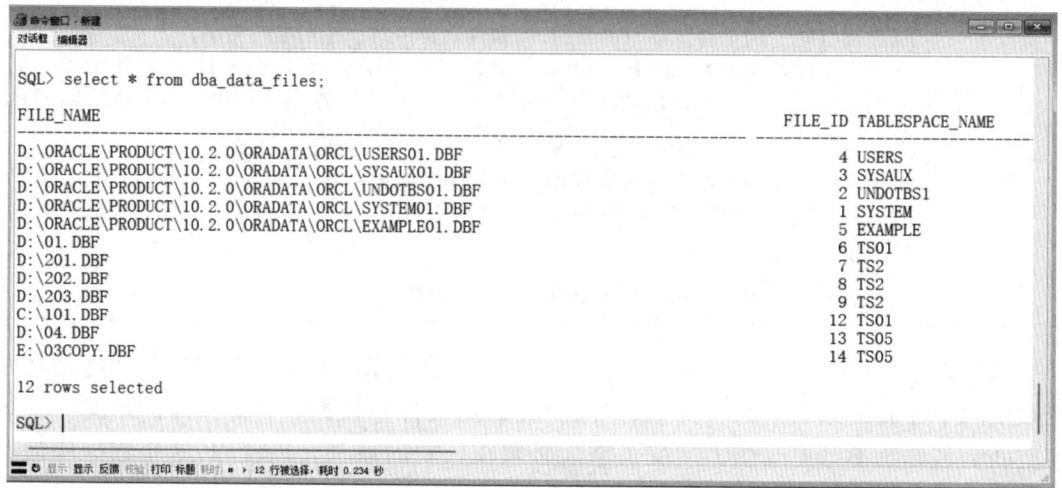

图 2-21 desc dba_tablespace 信息

表空间中的空闲信息可以通过数据字典 dba_free_space 查看,如图 2-22 所示。

```
SQL> select * from dba_free_space;
```

图 2-22 查询表空间中的空闲空间

2.2.2 段（segment）

1. 段

设计数据库结构时需要将表、视图等对象存储在一个已存在的表空间中，表、索引或簇都是占空间的对象，Oracle 把占空间的对象统一称为段（segment），它是由一个或多个扩展区组成的逻辑存储单元。段是由多个数据区构成的，它是为特定的数据库对象（如表段、索引段、回滚段、临时段）分配的一系列数据区。段内包含的数据区可以连续，也可以不连续，并且可以跨越多个文件，段中的区可以自动分配。

2. 段的分类

Oracle 段的分类见表 2-3。

表 2-3 Oracle 段的分类

段类型	说明
数据段	数据段与数据库对象相对应，一般一个数据库对象对应一个数据段。每个不在簇中的表都有一个数据段。表中的所有数据都存储在数据段的区间中。
索引段	每个索引都有一个索引段，用来存储所有的索引数据。
临时段	当执行 SQL 语句需要临时工作区时，Oracle 将创建临时段。执行完毕后，临时段的区间将被系统回收，以备需要时分配使用。
回滚段	如果当前系统处于自动重做管理模式，则数据库服务器使用表空间来管理重做空间，这是 Oracle 推荐使用的模式。回滚段中的信息将在数据库恢复过程中使用。

3. 段信息的查询

【例 2-7】 查询用户的数据段信息。

要查询段的空闲信息可以通过 select 数据字典 user_extents 实现，如图 2-23 所示，注意读懂查询结果。

```
SQL> select  * from user_extents;
```

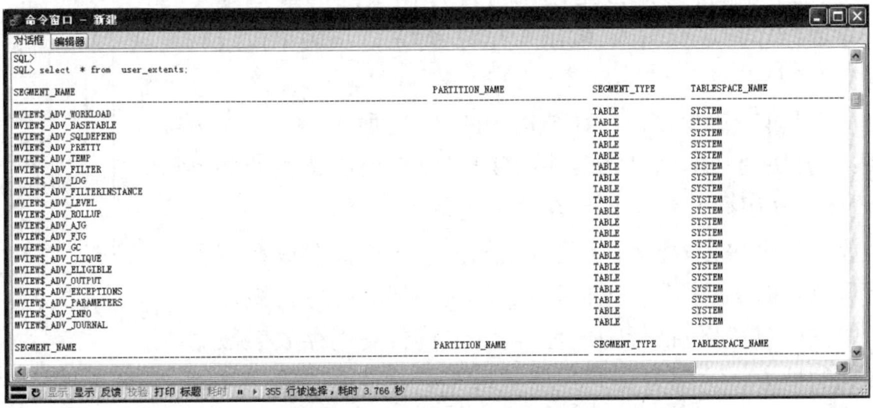

图 2-23 段信息的查询结果

注意：数据库模式对象在逻辑上以段来占据表空间的大小。一个非分区表就是一个segment，分区表的一个分区是一个segment。索引、簇、分区索引、临时段、回滚段等都是一个segment。

4. 表空间与数据文件和段的关系

- 表空间和数据文件是物理存储上一对多的关系。
- 表空间和段是逻辑存储上一对多的关系。
- 段不可以跨表空间，一个段只能属于一个表空间。
- 段不直接和数据文件发生关联，一个段可以属于多个数据文件。

【思考】 段是否可以跨数据文件？

段不直接和数据文件发生关联，一个段可以放到多个数据文件中，又因为数据文件和表空间的多对一关系，所以一个段，比如一个普通表，可以存储到一个数据文件中，也可以存储到多个数据文件中，但这多个数据文件必须属于同一个表空间。

2.2.3 区（extent）

在 Oracle 数据库中，区是磁盘空间分配的逻辑单位，由一个或多个数据块组成。当一个段中的所有空间都被使用完后，系统将自动为该段分配一个新的区。一个或多个区组成一个段，所以段的大小由区的个数决定。一个数据段可以包含的区的个数并不是无限制的，它由 minextents 和 maxextents 两个参数决定，minextents 定义段初始分配的区的个数，也就是段最少可分配的区的个数；maxextents 定义一个段最多可以分配的区的个数。

【思考】 区是否可以跨数据文件？

区是 Oracle 进行空间分配的逻辑单元。一个区一定属于某个段。区不可以跨数据文件，一个区必须完整地存储在同一个数据文件中。

2.2.4 Oracle 数据块（block）

数据块（也可以简称为块）是用来管理存储空间的最基本单位。Oracle 数据库在进行输入、输出操作时，都是以块为单位进行逻辑读写操作的。

数据块都具有相同的结构，其结构如图 2-24 所示。

块头：存放块的基本信息，如：块的物理地址，块所属段的类型（是数据段还是索引段）。表目录：存放表的信息，即如果一些表的数据被存放在这个块中，那么，这些表的相关信息将被存放在表目录中。行目录：如果块中有行数据存在，则这些行的信息将被记录在行目录中，这些信息包括行的地址等。行数据：真正存放表数据和索引数据的地方。这部分空间是已被数据行占用的空间。自由空间：一个块中未使用的区域，这片区域用于新行的插入和已经存在的行的更新。

图 2-24 Oracle 块的结构

块的默认大小由初始化参数 db_block_size 指定,数据库创建完成之后,该参数值无法再修改。Oracle 数据块的大小一般是操作系统块的整数倍。通过 show parameter 语句可以查看该参数的信息,如图 2-25 所示。

```
SQL> show parameter db_block_size;
NAME                                 TYPE        VALUE
------------------------------------ ----------- ------------------------------
db_block_size                        integer     8192
SQL>
```

图 2-25 Oracle 块信息的查询

假设一个块可以存放 100 个数据,且 pctfree 是 10,pctused 是 40,则不断地向块中插入数据,如果当存放到 50 个数据时,就不能存放新的数据,则是受 pctfree 控制,预留的空间给 update 等命令使用。

2.2.5 表空间、段、区信息的查询

【例 2-8】 如何使用 SQL 语句分别查询表空间、常用段(表)、区的分配信息(掌握),如图 2-26 所示。

```
SQL> select * from dba_tablespaces;
SQL>
select table_name, tablespace_name, min_extents, max_extents
from user_tables where tablespace_name= 'SYSTEM';
```

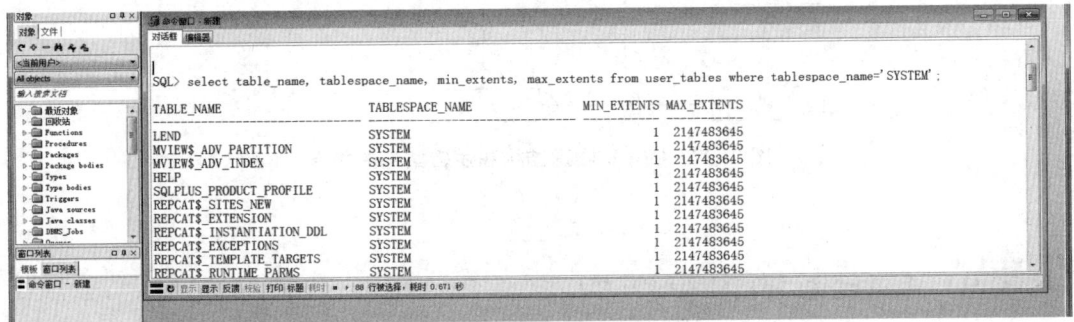

图 2-26 Oracle 段、区信息的查询

2.2.6 逻辑结构小结

- Oracle 数据库在逻辑上是由多个表空间组成的。
- 表空间中存储的对象叫段，比如数据段、索引段和回滚段。
- 段由区组成，区是磁盘分配的最基本单位。段的增大是通过增加区的个数来实现的。
- 每个区的大小是数据块大小的整数倍，区的大小可以不相同。
- 数据块是数据库中最小的 I/O 单位，可以通过 show parameter db_block_size 显示其大小。

2.2.7 物理结构和逻辑结构的关系

图 2-27 为 Oracle 物理结构和逻辑结构的关系，虚线左侧为逻辑结构，虚线右侧为物理结构。一个逻辑结构的表空间由多个物理结构的数据文件组成（至少一个），表空间在逻辑上和段之间是一对多的关系，段和数据文件没有直接关系（即二者的关系必须通过表空间体现，以便将复杂问题简单化）。

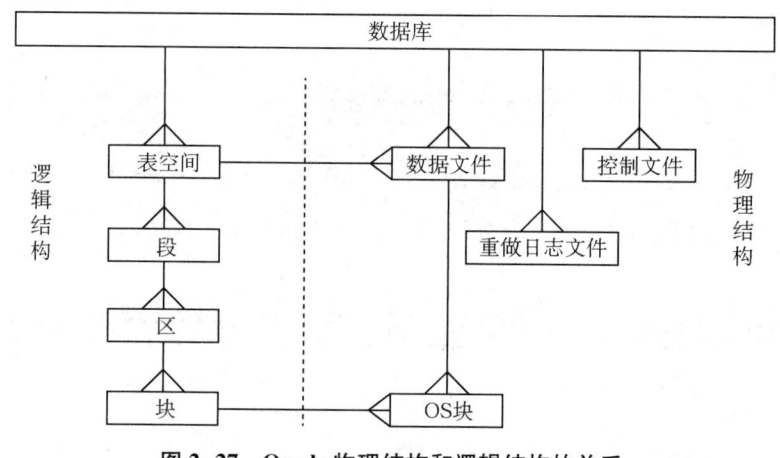

图 2-27　Oracle 物理结构和逻辑结构的关系

2.3　Oracle 的内存结构

2.3.1　实例

当数据库服务器上启动一个数据库时，Oracle 将分配一块内存区间，叫作系统全局区（SGA），并启动一个或多个 Oracle 进程。SGA 和 Oracle 后台进程结合在一起，就是一个

Oracle 例程,也称为 Oracle 实例,如图 2-28 所示,该图展开之后如本章总结中图 2-30 所示。

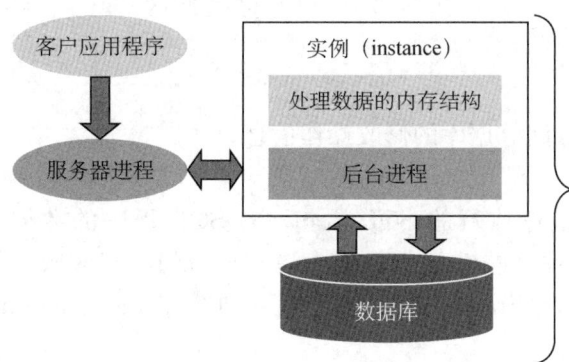

图 2-28 Oracle 实例构成图

2.3.2 系统全局区

系统全局区(system global area,SGA)是内存结构的主要组成部分,是 Oracle 为一个实例分配的一组共享内存缓冲区。它包含一个数据库实例共享的数据和控制信息。当多个用户同时连接同一个实例时,SGA 数据供多个用户共享,所以 SGA 又称为共享全局区。show sga 命令可以显示 SGA 的具体内容。

Oracle 内存结构是影响数据库性能的主要因素之一,其中 SGA 结构如图 2-29 所示。

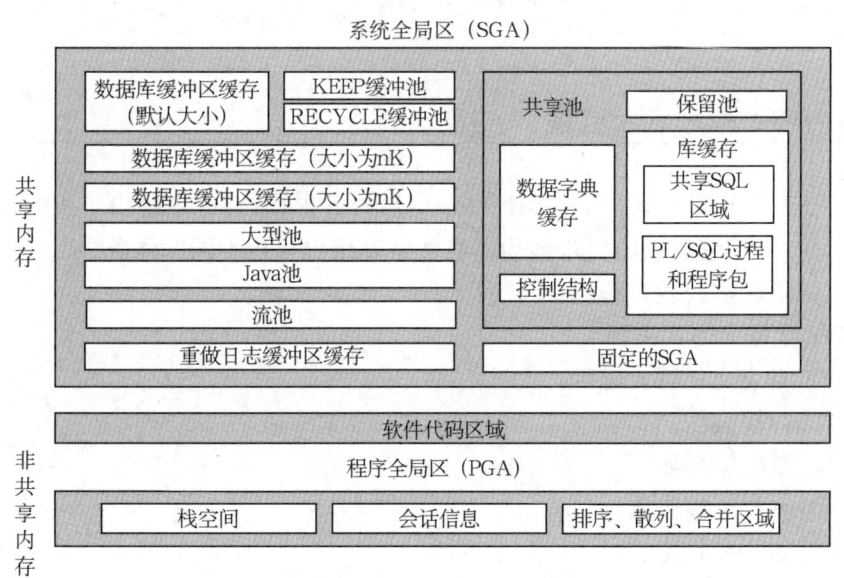

图 2-29 系统全局区(SGA)结构图

1. 数据缓冲区

数据缓冲区用于存储从磁盘数据文件中读取的数据,供所有用户共享。由于系统读取内存的速度要比读取磁盘快得多,所以数据缓冲区的存在可以提高数据库的整体效率。

2. 日志缓冲区

日志缓冲区用于存储数据库的修改操作信息。

3. 共享池

共享池用于保存最近执行的 SQL 语句、PL/SQL 程序的数据字典信息等,它是对 SQL 语句和 PL/SQL 程序进行语法分析、编译和执行的内存区域。共享池主要包括如下两种子缓存:库高速缓存(library cache)和数据字典缓存(data dictionary cache)。

4. 大型池

大型池用于提供一个大的缓冲区供数据库的备份与恢复操作使用,它是 SGA 的可选区域。

5. Java 池

Java 池用于在数据库中支持 Java 的运行。

程序全局区(program global area,PGA)是 Oracle 系统分配给一个进程的私有内存区域。程序全局区的大小由参数 pga_aggregate_target 决定,可以通过 show parameter 语句查看该参数的信息,如下:

```
SQL> show parameter pga;
name                                 type        value
------------------------------------ ----------- ---------
pga_aggregate_target                 big integer 20m
```

2.3.3 内存结构之后台进程

Oracle 数据库启动时,会启动多个 Oracle 后台进程,后台进程是用于执行特定任务的可执行代码块,在系统启动后异步地为所有数据库用户执行不同的任务。

Oracle 的后台进程主要包括:
- DBWn 数据库写入进程。
- LGWR 日志文件写入进程。
- ARCH 归档进程。
- CKPT 检查点进程。
- SMON 系统监控进程。
- PMON 进程监控进程。
- RECO 恢复进程。

通过查询数据字典 v$bgprocess,可以了解数据库中启动的后台进程信息。

1. DBWn 进程

DBWn(database writer)进程是 Oracle 中采用最近最少使用的 LRU(least recently used)算法将数据缓冲区中的数据写入数据文件的进程。

DBWn 进程主要有如下几个作用：
- 管理数据缓冲区，以便用户进程总能找到空闲的缓冲区。
- 将所有修改后的缓冲区数据写入数据文件。
- 使用 LRU 算法将最近使用过的块保留在内存中。
- 通过延迟写来优化磁盘 I/O 读写。

2. LGWR 进程

LGWR(log writer)进程是负责管理日志缓冲区的一个后台进程，用于将日志缓冲区中的日志数据写入磁盘的日志文件中。

LGWR 进程将日志信息同步写入在线日志文件组的多个日志成员文件中，如果日志文件组中的某个成员文件被删除或者不可使用，则 LGWR 进程可以将日志信息写入该组的其他文件中，不影响数据库正常运行，但会在警告日志文件中记录错误。

3. CKPT 进程

CKPT(check point)进程一般在发生日志切换时自动产生，用于缩短实例恢复所需的时间。在检查点期间，CKPT 进程更新控制文件与数据文件的标题，从而反映最近成功的系统更改号(system change number，SCN)。

4. SMON 进程

SMON(system monitor)进程用于数据库实例出现故障或系统崩溃时，通过将联机重做日志文件中的条目应用于数据文件来执行崩溃恢复。

SMON 进程一般用于定期合并字典管理的表空间中的空闲空间，此外，它还用于在系统重新启动期间清理所有表空间中的临时段。

5. PMON 进程

PMON(process monitor)进程用于在用户进程出现故障时执行进程恢复操作，负责清理内存存储区和释放该进程所使用的资源。

PMON 进程周期性检查调度进程和服务器进程的状态，如果发现进程已死，则重新启动该进程。PMON 进程被有规律地唤醒，检查是否需要使用，或者其他进程发现需要时也可以调用此进程。比如它的任务：①回滚用户的当前事务；②释放相关的锁；③释放其他相关的资源。

6. ARCH 进程

ARCH(archive process)进程用于将写满的日志文件复制到归档日志文件中，防止日志文件组中的日志信息由于日志文件组的循环使用而被覆盖。

7. RECO 进程

RECO(recovery)进程存在于分布式数据库系统中，用于自动解决在分布式数据库中出现的事务故障。

当一个数据库服务器的 RECO 进程试图与一个远程服务器建立通信时，如果远程服务器不可用或者无法建立网络连接,则RECO进程将自动在一个时间间隔之后再次连接。

2.4 数据字典

数据字典(data dictionary)是由Oracle自动创建并更新的一组表,它是Oracle数据库的重要组成部分,提供了数据库结构、数据库对象空间分配和数据库用户等有关的信息。数据字典的所有者为sys用户,而数据字典表和数据字典视图都被保存在system表空间中,数据字典的分类见表2-4,基本数据字典见表2-5,与数据库相关的数据字典见表2-6。

Oracle数据字典是存储在数据库中所有对象信息的知识库,Oracle数据库管理系统使用数据字典获取对象信息和安全信息,而用户和数据库系统管理员则用数据字典来查询数据库信息。

Oracle数据字典保存数据库中对象和段的信息,例如表、视图、索引、包、存储过程以及与用户、权限、角色、审计和约束等相关的信息。

表2-4 Oracle数据字典的分类

视图类型	说明
user视图	user视图的名称以user_为前缀,用来记录用户对象的信息。 例如user_tables视图,它记录用户的表信息。
all视图	all视图的名称以all_为前缀,用来记录用户对象的信息以及被授权访问的对象信息。 例如all_synonyms视图,它记录用户可以存取的所有同义词信息。
dba视图	dba视图的名称以dba_为前缀,用来记录数据库实例的所有对象的信息。 例如dba_tables视图,通过它可以访问所有用户的表信息。
v$视图	v$视图的名称以v$为前缀,用来记录与数据库活动相关的性能统计动态信息。 例如v$datafile视图,它记录有关数据文件的统计信息。
gv$视图	gv$视图的名称以gv$为前缀,用来记录分布式环境下所有实例的动态信息。 例如gv$lock视图,它记录出现锁的数据库实例的信息。

Oracle中基本的数据字典如表2-5所示。

表2-5 基本数据字典

字典名称	说明
dba_tables	所有用户的所有表的信息
dba_tab_columns	所有用户的表的字段信息

（续表）

字典名称	说明
dba_views	所有用户的所有视图信息
dba_constraints	所有用户的表的约束信息
dba_indexes	所有用户的表的索引简要信息
dba_triggers	所有用户的触发器信息
dba_sources	所有用户的存储过程信息
dba_segments	所有用户的段的使用空间信息
dba_extents	所有用户的段的扩展信息
dba_objects	所有用户对象的基本信息
cat	当前用户可以访问的所有基表
tab	当前用户创建的所有基表、视图和同义词等
dict	构成数据字典的所有表的信息

与数据库相关的数据字典如表 2-6 所示。

表 2-6 与数据库相关的数据字典

数据库组件	数据字典中的表或视图	说明
数据库	v$datafile	记录系统的运行情况
表空间	dba_tablespaces	记录系统表空间的基本信息
表空间	dba_free_space	记录系统表空间的空闲空间的信息
控制文件	v$controlfile	记录系统控制文件的基本信息
数据文件	dba_data_files	记录系统数据文件以及表空间的信息
段	dba_segments	记录段的基本信息
数据区	dba_extents	记录数据区的基本信息
日志	v$log	记录日志文件的基本信息
日志	v$logfile	记录日志文件的概要信息
归档	v$archived_log	记录归档日志文件的基本信息
数据库实例	v$instance	记录实例的基本信息
内存结构	v$sga	记录 SGA 区的大小信息
后台进程	v$bgprocess	记录后台进程信息

Oracle instance 的整体构成如图 2-30 所示。

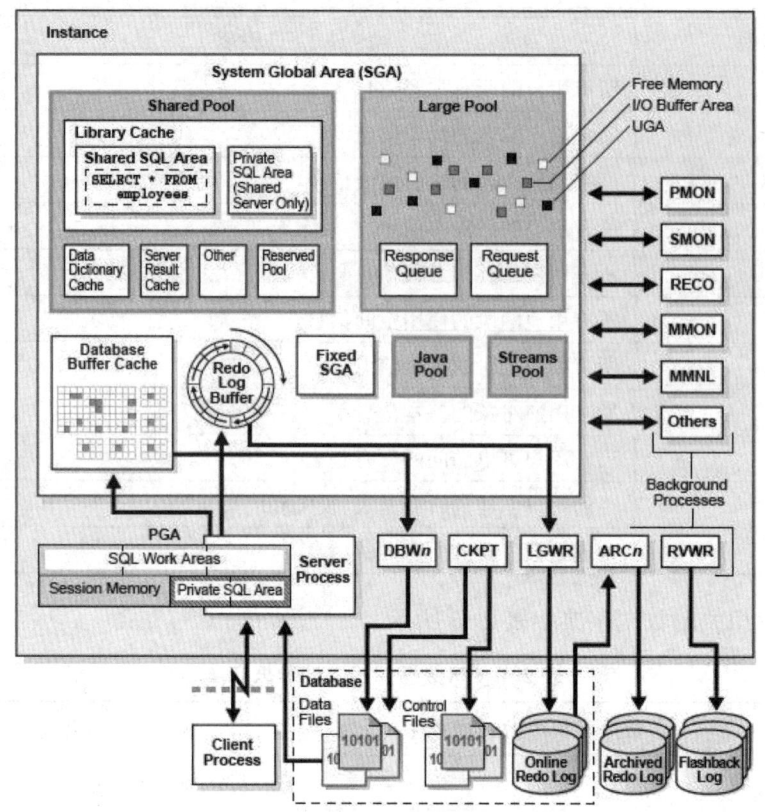

图 2-30　Oracle instance 构成图

2.5　习题

一、简答题

1. 详述 Oracle SGA 的含义和组成。
2. 详述 Oracle 后台进程的名称和作用(至少五个)。
3. 如何查询 Oracle SGA 的大小?
4. 如何查看当前 Oracle 的后台进程?
5. 请画出物理结构、逻辑结构和内存结构之间的关系图。
6. Oracle 物理结构包括哪些文件,各起什么作用?
7. 详述日志文件的工作流程。
8. 如何查看数据库是否处于归档模式?
9. 如何添加数据库的日志文件组?
10. 如何删除数据库的日志文件成员?
11. Oracle 物理结构相关的数据字典有哪些?

12. 如何实现分布式存储？

13. Oracle 至少有哪几个表空间？

14. 段可以分为几种类型？

15. 详述表空间、数据文件、段三者的关系。

16. 一个表空间的大小由什么决定？如何验证？

17. 如何用 SQL 语句分别查询表空间、常用段（表）、区的分配信息？

二、选择题

1. 具有系统重新启动期间清理所有表空间中的临时段功能的后台进程是（　　）。

    A. ARCH　　　　B. CKPT　　　　C. DBWn　　　　D. LGWR

2. 以下哪个进程更新控制文件？（　　）

    A. ARCH　　　　B. CKPT　　　　C. DBWn　　　　D. LGWR

3. （　　）存在于分布式数据库系统中，用于自动解决在分布式数据库中出现的事务故障。

    A. ARCH　　　　B. CKPT　　　　C. DBWn　　　　D. LGWR

4. 下面哪个后台进程是可选的？（　　）

    A. ARCH　　　　B. CKPT　　　　C. DBWn　　　　D. LGWR

5. 当数据库服务器上的一个数据库启动时，Oracle 将分配一块内存区间，叫作系统全局区，英文缩写为（　　）。

    A. VGA　　　　B. SGA　　　　C. PGA　　　　D. GLOBAL

6. 常见的后台进程 LGWR 的作用是（　　）。

    A. 数据库写入程序　　　　　　B. 归档
    C. 进程监控　　　　　　　　　D. 日志写入程序

7. 初始化参数 DB_BLOCK_SIZE 的作用是（　　）。

    A. 非标准数据块数据缓冲区大小　　B. 归档日志文件的默认文件存储格式
    C. 标准数据块大小　　　　　　　　D. 后台进程跟踪文件生成的位置

8. 在登录 Oracle Enterprise Manager Database Control 时，下列哪一项不属于连接身份（　　）。

    A. Administrator　　　　　　B. Normal
    C. SYSDBA　　　　　　　　　D. SYSOPER

9. Oracle 管理数据库存储空间的最小数据单位是（　　）。

    A. 数据块　　　B. 表空间　　　C. 表　　　D. 区间

10. 部分匹配查询中有关通配符"%"的正确叙述是（　　）。

    A. "%"代表多个字符　　　　　　B. "%"可以代表零个或多个字符
    C. "%"不能与"_"一同使用　　　　D. "%"代表一个字符

11. 假设下表中属性 emp_dept 是 employee 表中的一个外码，其中 department 表是主表，ID 为主码，employee 表为从表。请指出下面给出的各行中哪一行不能插入 employee 表。（　　）

department：

ID	NAME	LOCATION
10	Accounting	New york
40	Sales	miami

employee：

EMP_ID	EMP_NAME	EMP_MGR	TITLE	EMP_DEPT
1234	Green		President	40
4567	Gilmore	1234	Senior VP	40
1045	Rose	4567	Director	10
9876	Smith	1045	Accountant	10

A. 9213 jones 1045 clerk 30　　　B. 8997 grace 1234 secretary 40

C. 5932 allen 4567 clerk null　　　D. 3334 kkl 9867 liker 10

12. 下面哪一个like命令会返回名字像HOTKA的行？（　　）。

A. where ename like '_HOT%'　　　B. where ename like 'H_T%'

C. where ename like '%TKA_'　　　D. where ename like '%TOK%'

13. 在全局存储区SGA中,哪部分内存区域是循环使用的？（　　）

A. 数据缓冲区　　B. 日志缓冲区　　C. 共享池　　D. 大型池

14. 如果一个服务器进程非正常终止,Oracle系统将使用下列哪一个进程来释放它所占用的资源？（　　）

A. DBWn　　B. LGWR　　C. SMON　　D. PMON

15. 下列哪一项是Oracle数据库中最小的存储分配单元？（　　）

A. 表空间　　B. 段　　C. 盘区　　D. 数据块

16. 下面的各选项中哪一个正确描述了Oracle数据库的逻辑存储结构？（　　）

A. 表空间由段组成,段由盘区组成,盘区由数据块组成

B. 段由表空间组成,表空间由盘区组成,盘区由数据块组成

C. 盘区由数据块组成,数据块由段组成,段由表空间组成

D. 数据块由段组成,段由盘区组成,盘区由表空间组成

17. 下列哪个子句在select语句中用于排序结果集？（　　）

A. having子句　　　B. where子句

C. from子句　　　D. order by子句

18. having子句的作用是（　　）。

A. 查询结果的分组条件　　　B. 组的筛选条件

C. 限定返回的行的判断条件　　　D. 对结果集进行排序

19. 下列（　　）函数可以把一个列中的所有值相加求和。

A. max　　B. sum　　C. count　　D. avg

20. 下列哪个子句是 select 语句中的必选项？（　　）

　　A. from　　　　　B. where　　　　　C. having　　　　　D. order by

21. 下列（　　）子句可实现对一个结果集进行分组和汇总。

　　A. having　　　　B. order by　　　　C. where　　　　　D. group by

22. 查询一个表的总记录数，可以采用（　　）统计函数。

　　A. avg(*)　　　　B. sum(*)　　　　　C. count(*)　　　　D. max(*)

23. 要建立一个语句向 types 表中插入数据，这个表只有两列，T_ID 和 T_name 列。如果要插入一行数据，这一行的 T_ID 值是 100，T_name 值是 FRUIT。应该使用的 SQL 语句是（　　）。

　　A. insert into types values(100，'FRUIT')

　　B. select * from types where T_ID=100 and T_name='FRUIT'

　　C. update set T_ID=100 from types where T_name='FRUIT'

　　D. delet * from types where T_ID=100 and T_name='FRUIT'

24. 用（　　）语句修改表的一行或多行数据。

　　A. update　　　　B. set　　　　　　C. select　　　　　D. where

25. 使用什么命令可以清除表中所有的内容？（　　）

　　A. insert　　　　B. update　　　　　C. 其他　　　　　　D. truncate

第 3 章　Oracle 表空间管理

> **本章重点：**
> - 掌握创建表空间的方法。
> - 掌握如何在创建表空间时通过命令对段、区、块进行管理（纵向）。
> - 掌握如何创建不同类型的表空间（横向）。
> - 掌握如何增加已存在的表空间的大小，有几种方式。
> - 掌握重命名表空间名字和重命名数据文件名字在操作上有哪些不同。

3.1　表空间信息

3.1.1　CDB 和 PDB 简介

Oracle 12c 引入了 CDB 与 PDB 新特性。在 Oracle 12c 数据库引入的多组用户环境（multitenant environment）中，允许一个数据库容器（container database，CDB）承载多个可插拔数据库（pluggable database，PDB），如图 3-1 所示。

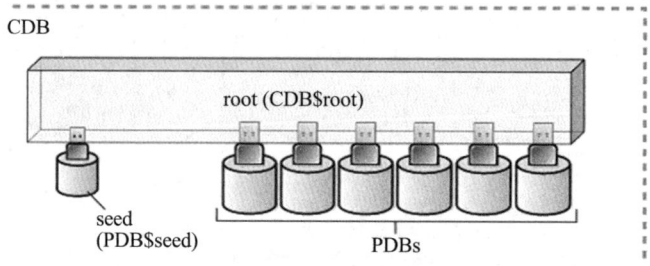

图 3-1　Oracle 12c 下的 CDB 与 PDB

在 Oracle 12c 之前，实例与数据库是一对一或多对一关系（RAC），即一个实例只能与一个数据库相关联，数据库可以被多个实例所加载，实例与数据库不可能是一对多的关系。但 Oracle 12c 中，实例与数据库可以是一对多的关系。

PDB 和 CDB 可以一起使用，CDB 是一个容器数据库，PDB 可以被动添加到 CDB 中，每个 CDB 可以包含多个 PDB。在 CDB 中管理 PDB 的方式类似于在传统的非容器数据库中管理实例。

3.1.2 表空间的查看和创建语法格式

1. 基础知识复习

问题1:表空间与数据文件和段的关系。
- 表空间和数据文件是物理存储上的一对多的关系。
- 表空间和段是逻辑存储上的一对多的关系。
- 段不可以跨表空间,一个段只能属于一个表空间。
- 段不直接和数据文件有联系,一个段可以属于多个数据文件。

问题2:区和数据文件的关系。
- 区是 Oracle 进行空间分配的逻辑单元,一个区间一定属于某个段。
- 区间不可以跨数据文件,只能存在于某一个数据文件中。

2. 查看表空间信息

(1) 查看视图 v$tablespace 中表空间的内容。

```
SQL>select * from v$tablespace;
```

(2) 通过视图 dba_tablespaces 查看所有表空间的信息。

```
SQL>select tablespace_name,contents,status from dba_tablespaces;
```

创建表空间说明:分布式存储,创建表空间时,需要满足至少一个数据文件,数据文件的属性可设置成是否可自动扩充,除了大文件表空间外,其他类型表空间和数据文件是一对多的关系。

3. 利用 create tablespace 命令创建和管理表空间

```
语法格式:
create tablespace tablespace_name
    datafile 'path/filename'[size integer[ k | m]][ reuse]
    [ autoextend[ off | on [ next integer[ k | m]]
        [ maxsize[ unlimited | integer[ k | m]]]
        [ online | offline]
    [ logging | nologging]
    [ permanent | temporary]
        [ extent management  local  [ autoallocate | uniform  size integer[ k | m]]
    [ segment space management auto|manual]
```

- datafile 'path/filename'[size integer k | m]][reuse]:一个或多个数据文件的

存放路径与名称。
- autoextend [off | on]：禁止或允许自动扩展数据文件。
- next：指定当需要更多盘区时分配给数据文件的磁盘空间，以 k 或 m 为单位。
- maxsize unlimited | integer [k | m]：指定允许分配给数据文件的最大磁盘空间。
- mininum extent：tablespace level，在该 tablespace 上建立的 segment 中 mininum extent 大小。
- online：在创建表空间之后使该表空间立即对授权访问该表空间的用户可用。
- logging/nologging：指定日志属性，它表示表、索引等是否需要进行日志处理。默认值为 logging。
- permanent：指定表空间将用于保存永久对象，这是默认设置。temporary：指定表空间将用于保存临时对象。
- extent management：表空间中的区间的管理方式，共有两种，数据字典（dictionary）方式和本地（local）方式。数据字典方式一般不常用，仅关注本地方式 local，指定本地方式管理表空间中的区，如下：
  ➢ local 下，autoallocate：指定表空间由系统自动管理，用户不能指定盘区尺寸，是缺省设置。
  ➢ local 下，uniform：指定使用 size 字节的统一盘区来管理表空间。缺省的 size 为 1M。
- segment：段是空间的逻辑单位，在段空间的分配有两种可选项，自动分配或手动分配。

注意：一个表空间可以有两个数据文件，这两个数据文件可以有完全不同的参数配置，比如一个为可以自动扩充，另外一个数据文件自动扩充被关闭。注意","的位置。","之后为当前表空间的第二个数据文件的相关信息，逻辑结构上段区的管理放到数据文件信息之后，逻辑结构是对表空间的描述，理解上不要对应到物理结构的数据文件上。create tablespace 时既有物理结构.dbf 文件的参数，又有逻辑结构段、区的参数，每个参数隶属于谁需要特别关注。

【例 3-1】 表空间和数据文件一对多关系的验证。

```
SQL> create tablespace ts2
   datafile 'c:\2.dbf' size 5000k
     autoextend on next 10m
      maxsize 70m,
        'c:\002.dbf' size 6000k reuse
          autoextend off;
```

【例 3-2】 表空间和数据文件一对多关系的验证（一对一）。

```
SQL> create tablespace test1
datafile 'C:\test101.dbf' size 5M reuse;
```

3.2 横向、纵向创建和管理表空间实战

3.2.1 表空间基本创建

1. 表空间段区的基本管理

【例3-3】 创建本地管理表空间。

(1) 创建本地管理表空间——自动分配(autoallocate)

```
SQL> create tablespace orcltbs01
    datafile 'c:\orcltbs01.dbf' size 1m
    extent management local
    autoallocate;
```

(2) 创建本地管理表空间——统一分配(uniform)

```
SQL> create tablespace orcltbs02
    datafile 'c:\o\orcltbs02.dbf' size 3m
    extent management local uniform size 128k;
```

2. 段管理——auto & manual

(1) 自动段管理——auto

```
SQL> create tablespace orcltbs01
    datafile 'c:\o\orcltbs01.dbf' size 3m
    extent management local autoallocate
    segment space management auto;
```

(2) 手动段管理——manual

```
SQL> create tablespace orcltbs01
    datafile 'c:\o\orcltbs01.dbf' size 30m
    extent management local autoallocate
    segment space management manual;
```

3. 实战举例

【例3-4】 为案例数据库创建一个永久性的表空间 ts1，区自动扩展，段采用自动管理方式。

```
SQL> create tablespace ts1 datafile
    '1.dbf' size 500k;
```

【例 3-5】 为案例数据库创建一个永久性的表空间 ts2,区定制分配,段采用自动管理方式。

```
SQL> create tablespace ts2 datafile
    '2.dbf' size 500k
    extent management local uniform size 400k;
```

【例 3-6】 为案例数据库创建一个永久性的表空间 ts3,区自动扩展,段采用手动管理方式。

```
SQL> create tablespace ts3 datafile
    '3.dbf' size 500k
    segment space management manual;
```

【例 3-7】 为案例数据库创建一个永久性的表空间 ts4,区定制分配,段采用手动管理方式。

```
SQL> create tablespace ts4 datafile
    '4.dbf' size 500k
    extent management local uniform size 400k
    segment space management manual;
```

【例 3-8】 为案例数据库创建一个永久性的表空间 indx,区自动扩展,段采用自动管理方式,专门用于存储 orcl 数据库中的索引数据。

```
SQL> create tablespace indx datafile
    '22.dbf'  size 50m;
```

4. 横向创建表空间

【例 3-9】 为案例数据库创建一个大文件表空间 bs1,大小为 1GB,区定制分配。

```
SQL> create bigfile tablespace bs1 datafile
    '5.dbf' size 500k
    uniform size 400k;
```

【例 3-10】 为案例数据库创建一个临时表空间 hrtemp1。

```
SQL> create temporary tablespace hrtemp1 tempfile
```

```
    '6.dbf' size 500k
    extent management local uniform size 400k;
```

【例 3-11】 为案例数据库创建一个临时表空间 hrtemp2,并放入表空间组 temp_group,将 hrtemp1 也放入表空间组 temp_group。

```
SQL> create temporary tablespace hrtemp2 tempfile
    '7.dbf' size 500k
    extent management local uniform size 400k
    tablespace group temp_group;
```

说明:临时表空间(temporary tablespace)用于存放临时数据,这些数据仅在会话期间有效。临时表空间可以提高排序操作的并发性(当内存空间不足的时候)。

临时表空间用于存放下列对象:
- 排序操作的中间结果。
- 临时表临时索引。
- 临时 LOBs。
- 临时 B-trees。

【例 3-12】 为案例数据库的 tmp 表空间添加一个大小为 5MB 的数据文件。

```
SQL> alter tablespace tmp add tempfile
    '9.dbf' size 5m;
```

【例 3-13】 修改案例数据库的 users 表空间的数据文件 ts01.dbf 为自动增长方式。

```
SQL> alter database datafile
    'ts01.dbf'
    autoextend on next 1m maxsize unlimited;
```

【例 3-14】 将 hrtbs1 表空间设置为案例数据库的默认表空间。

```
SQL> alter database default tablespace hrtbs1;
```

【例 3-15】 删除案例数据库表空间 ts3,同时删除数据文件。

```
SQL> drop tablespace ts3 including contents and datafiles;
```

注意:按照顺序先删除内容 contents,再删除数据文件 datafiles。

3.3 修改表空间实战

表空间使用一段时间后,根据客户要求的变化和硬件的提升可能遇到增加表空间容量及移动数据文件物理位置的需求。

3.3.1 增加表空间容量

方法 1:在现有表空间基础上添加数据文件。

```
SQL> alter tablespace ts1
    add datafile 'c:\101.dbf' size 1m reuse;
```

注意:ts1 表空间已经存在,如忘记表空间的名字,可以通过数据字典 dba_data_files 进行查询。

方法 2:create tablespace 时,未雨绸缪,已经设置数据文件自动增长参数。

创建表空间时,已经考虑到表空间容量在以后的运维中会有增长的需求,创建时已经将数据文件的自动扩展性设置为打开的状态。

```
SQL> create tablespace t3
    datafile 'c:\t04.dbf' size 5m
    autoentend on next 2m
    maxsize 100m;
```

方法 3:alter database 修改已经存在的数据文件大小。

对已经存在的数据文件使用 resize 参数调整数据文件的大小,从而达到扩展表空间容量的目的(主要该处 alter 的粒度是 database,而非该数据文件对应的 tablespace)。

```
SQL> alter database orcl
    datafile 'c:\t04.dbf' resize 5m;
```

说明:orcl 为安装系统时数据库的 SID,如果想打开该已经存在的数据文件的自动扩充性,可以采用以下语句:

```
SQL> alter database orcl
    datafile 'c:\t04.dbf' autoentend on next 2m
    maxsize 100m;
```

但是不可以同时对数据库进行 resize 和 autoentend on 的操作,只能分开进行。

3.3.2 rename 数据文件

对于表空间和数据文件，rename 的应用分为两种，一种是在 alter tablespace 下 rename 表空间的名称；另一种是因为数据文件太大，需要移动到其他盘符下，此时 alter tablespace 下的 rename datafile 实际上起的作用是移动数据文件。因此 rename 数据文件比 rename 表空间要复杂。以下是实战移动数据文件的步骤：

1. 准备工作

创建表空间 ts1。

```
SQL> create tablespace ts1
datafile 'c:\101.dbf' size 5000k
autoextend on next 2000k
maxsize 70m;
```

2. 移动数据文件'c:\101.dbf'

```
SQL>
SQL> create tablespace ts1
  2  datafile 'c:\101.dbf' size 5000k
  3  autoextend on next 2000k
  4  maxsize 70m;

Tablespace created

SQL> alter tablespace ts1 offline;

Tablespace altered

SQL> alter tablespace ts1 rename datafile 'c:\101.dbf' to 'd:\101copy.bbf';

alter tablespace ts1 rename datafile 'c:\101.dbf' to 'd:\101copy.bbf'

ORA-01525: 重命名数据文件时出错
ORA-01141: 重命名数据文件 13 时出错 - 未找到新文件 'd:\101copy.bbf'
ORA-01110: 数据文件 13: 'C:\101.DBF'
ORA-27041: 无法打开文件
OSD-04002: 无法打开文件
O/S-Error: (OS 2) 系统找不到指定的文件。
```

图 3-2　rename 数据文件时报错信息

（1）通过 alter tablespace ts1 offline，将数据文件'c:\101.dbf'所属的表空间 ts1 离线。

（2）手动移动'c:\101.dbf'到'd:\101copy.dbf'的位置，并重新命名新盘符 d:盘下的数据文件名称。

（3）通过 alter tablespace ts1 rename datafile 'c:\101.dbf' to 'd:\101copy.dbf'，将数据文件'c:\101.dbf'移动到新的位置（注意数据文件的新名称和位置与上一步的步骤对应）。

（4）将表空间设为在线状态 alter tablespace ts1 online。

(5) 若上一步(4)出错,提示需要修复数据文件,修复新的文件('d:\101copy.dbf')后重复第(4)步(注意白屏下不认该命令,需要用 sys 身份,打开黑屏的 session,运行步骤(6)的数据文件恢复命令)。

(6) recover datafile 'd:\101copy.dbf',恢复破坏的数据文件。

(7) alter tablespace ts1 online,重新设置表空间的在线状态后,数据库系统正常使用。

说明:若出现图 3-2 所示的错误提示,则为缺失步骤(2)。

由以上介绍可知,rename datafile 的实质是 move datafile,物理结构 datafile 的 rename 在步骤上要复杂些,需要先将 datafile 隶属的表空间 offline 再进行操作,之后需要将表空间 online。如果仅仅是对逻辑结构表空间的 rename,则步骤相对较少,命令为:alter tablespace ts2 rename to ts02。因此实际应用中,需要区分 rename 的对象是物理结构数据文件还是逻辑结构表空间。

表空间的管理主要分为现有表空间及其包含数据文件信息的查看;根据需要创建不同类型的表空间(每个表空间至少带一个数据文件),创建表空间时也需部署其段、区等逻辑结构管理方式;现有表空间的修改以表空间名称的修改和表空间中数据文件的修改为主,具体如图 3-3 所示。

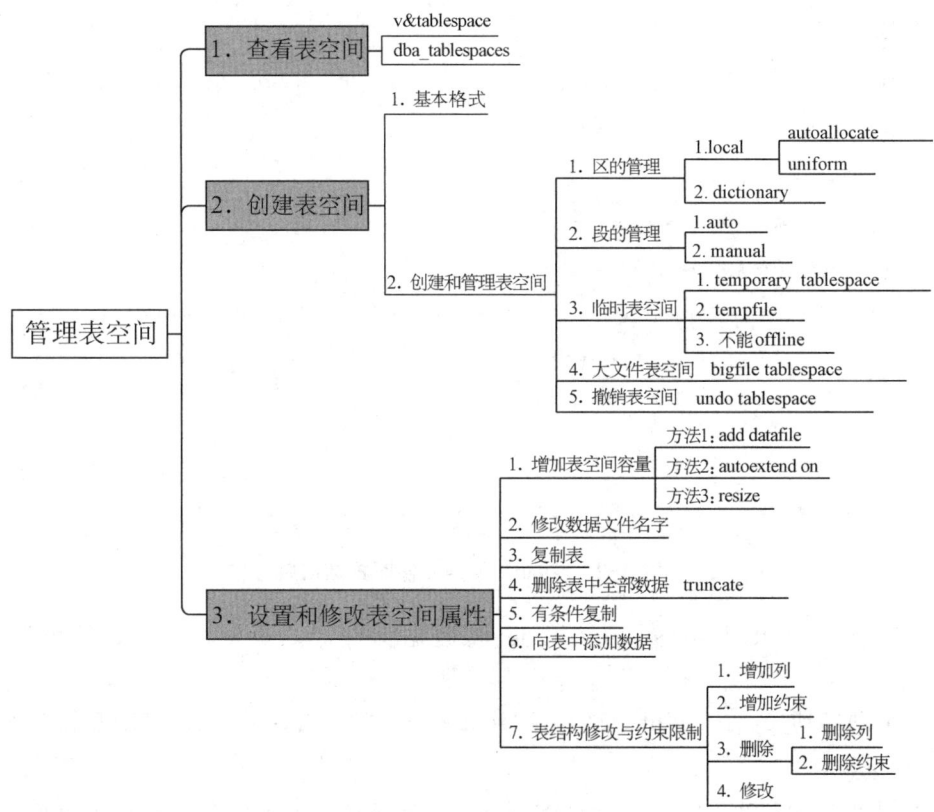

图 3-3 管理表空间

3.4 习题

一、简答题

1. 建立一个普通表空间 tablespa1，带一个普通数据文件，说明其大小。
2. 建立一个普通表空间，带一个普通数据文件，说明其大小，且可以自动调整数据文件的大小，并约定最大为 10 MB。
3. 基本要求同上，附加要求为：请分别说明对区的两种管理（两组命令）。
4. 基本要求同 1，附加要求为：请分别说明对段的两种管理。
5. 建立一个普通表空间，带两个普通数据文件（即表空间和数据文件是一对多的关系）。
6. 建立一个临时表空间，带一个临时数据文件，说明其大小。
7. 建立一个大文件表空间，带一个数据文件，说明其大小。
8. 建立一个 undo 表空间，带一个普通数据文件。
9. 修改已经建立好的表空间 tablespa1，在原有数据文件的基础上，增加另外一个普通数据文件，确定其大小。
10. 修改已经存在的表空间 tablespa1 的名字，新名字改为 newtablespa1。
11. 说明为什么要修改数据文件的名字。
12. 详细叙述步骤：修改表空间 newtablespa1 的数据文件的名字。
13. 设当前数据库名为 orcl，其中已有数据文件't1.dbf'，请通过命令的方式修改其大小（原数据文件大小为 1 000 KB，要求大小改为 1 500 KB）。

二、拓展题

1. 结合第 3 章的预习，说明表空间是如何和表关联的。
2. 结合第 9 章 Oracle 安全的预习，说明表空间是如何与用户关联的。

第二篇
对象篇

第 4 章 Oracle 数据库对象管理

> 🎯 **本章重点：**
> - 掌握分区表的不同类别，创建分区表的方法，即 split 分区的使用场合和具体实战。
> - 掌握分布式存储的基本原理。
> - 掌握 merge 命令的使用场合、工作原理，并能灵活应用 merge 解决新、老表融合问题。
> - 了解不同数据库对象的创建和使用。

通过学习第一篇体系结构篇表空间的概念和实战，我们深入理解了 Oracle 物理结构和逻辑结构的关系，体系结构篇类似于大厦的地基和框架，而第二篇对象篇类似于楼宇的装修和家具的跟进。本章主要介绍 Oracle 数据库常用模式（schema）对象的创建和管理方法，包括普通表和分区表的管理、索引管理、视图管理、序列管理和约束管理等。本章介绍的数据库对象是模式的一部分，这里的模式指的是数据库的三级模式（外模式、模式、内模式）和两级映像（外模式/模式映像，模式/内模式映像）中的模式。对于 Oracle，我们在创建用户时，Oracle 会自动创建一个与用户名相同名字的数据库模式，此用户下所有的模式对象（如表、序列、视图、同义词、存储过程等），都归属到这个数据库模式。模式的名称和用户的名称相同，且在创建用户时同时创建同名模式，因此在开发 Oracle 数据库应用程序之前，通常需要创建一个 Oracle 用户，用于专门管理该应用程序中的数据库模式对象。具体用户的创建在本书第 9 章介绍，本章关注 Oracle 数据库对象的创建、管理及应用。

注意：并非 Oracle 中所有的对象都是模式对象，表、索引、分区表、视图、物化视图、同义词、包、存储过程等都是模式对象，但表空间、用户、概要文件、权限等数据库对象非模式对象，需要注意区分。不同用户下的对象可以同名，如学生表 xs，system.xs 和 scott.xs 分别表示 system 用户和 scott 用户下的 xs 表，是两个不同的表，不会发生混淆，如程序中直接使用 xs，则表示引用的是当前用户下的 xs，可以通过 SQL * plus 命令 show user 查看当前的用户信息。

4.1 基本表管理

4.1.1 基本表的创建和管理

1. 创建基本表语法格式

表是数据库中最常用的模式对象,是最基本的数据库对象,用户的数据在数据库中是以表的形式存储的。一个数据库中可以没有视图和索引,但是如果没有表,数据库就没有任何意义。在关系型数据库中,表由行和列二维结构构成。每个列表示一个属性,而表中的一行则表示一条记录或一个元组。本节主要介绍如何创建表,表与表空间的关联,如何管理表的结构,表中内容的增、删、查、改等。创建基本表的语法格式如下:

```
create table [schema.] table_name
(列名字     数据类型,
 列名字     数据类型,
 ....
    表级完整性约束
)
    tablespace   表空间名称;
```

注:tablespace 表空间名称,指定新表逻辑存储在此表空间中。通过逻辑结构表空间和物理结构数据文件的关系(一对多关系),从而使(逻辑结构)表的物理存储能够真正实现落地(具体存储到该表空间的哪个数据文件中由 Oracle 数据库管理系统管理,用户不必关心)。

【例 4-1】 利用 create table 命令为 xscj 数据库建立表 xs_kc。

```
SQL> create table xs_kc
    (   xh varchar2(6) not null,
        kch varchar2(6) not null,
        cj number(3),
        xf number(2),
        constraint xskc_p1 primary key(xh, kch)
    )
        tablespace users;
```

注意:分号只出现在 SQL 语句结束时;constraint 实体完整性约束的正确表达,主键为(xh, kch),而非(xh+kch);()内最后一行无逗号,表示内部结构的结束。

【思考】 如何删除该表 primary key,约束 constraint 的作用。

```
SQL> alter table xs_kc drop constraint xskc_p1;
```

通过 alter table 命令删除表中的约束时,只需要写被删除的约束名称。

2. 数据类型

在设计表结构时需要指定列的数据类型。选择合适的数据类型可以节省存储空间,提高运算效率。Oracle 基本数据类型(亦叫内置数据类型 built-in datatypes)可以按类型分为:字符串类型、数字类型、日期类型、lob 类型、long raw & raw 类型、rowid & urowid 类型,见表 4-1。创建表时,列的数据类型可以是 Oracle 提供的系统数据类型。本章介绍基本类型的读写,大对象型的数据操作在本书第 11 章介绍。

表 4-1　Oracle 支持的基本数据类型

数据类型	描述
char	固定长度字符域,最大长度可达 2 000 个字节
nchar	多字节字符集的固定长度字符域,长度随字符集而定,最多为 2 000 个字符或 2 000 个字节
varchar2	可变长度字符域,最大长度可达 4 000 个字符
nvarchar2	多字节字符集的可变长度字符域,长度随字符集而定,最多为 4 000 个字符或 4 000 个字节
date	用于存储全部日期的固定长度(7 个字节)字符域,时间作为日期的一部分存储其中。除非通过设置 init.ora 文件的 nls_date_format 参数来取代日期格式,否则查询时,日期以 dd-mon-yy 格式表示,如 13-apr-99 表示 1999.4.13
number	可变长度数值列,允许值为 0、正数和负数。number 值通常以 4 个字节或更少的字节存储
long	可变长度字符域,最大长度可到 2 GB
raw	表示二进制数据的可变长度字符域,最长为 2 000 个字节
long raw	表示二进制数据的可变长度字符域,最长为 2 GB
blob	二进制大对象,最大长度为 4 GB
clob	字符大对象,最大长度为 4 GB
nclob	多字节字符集的 clob 数据类型,最大长度为 4 GB
bfile	外部二进制文件,大小由操作系统决定
rowid	表示 rowid 的二进制数据,oracle 8 rowid 的数值为 10 个字节
urowid	用于数据寻址的二进制数据,最大长度为 4 000 个字节
binary_float	oracle 10g 新增类型,表示浮点类型,比 number 效率更高,32 位
binary_double	oracle 10g 新增类型,表示双精度数字类型,64 位

注意:char(10)和 varchar2(10)的区别,如果存入'sqlplus',若为固定长度字符串,则会在字符后补空格,从而使得字符串长度为固定的 10,可变长度字符类型不会在字符串后补空格。在实际应用中,我们不希望 Oracle 给字符串后面补空格(会给查询 select 带来困扰),一般用 char 类型存放固定大小的数据内容,例如身份证号码等,此时 char(18)的效率

比 varchar2(18)的效率要高很多。通常情况下,创建表时,使用可变长字符类型。

Oracle 数据类型常用的有以下几种:

(1) 字符串类型:char 和 varchar2,可表达任何字符串。

(2) 数字类型:number(m, n),可表达任何数字,m 是数字的总长度,n 是小数点后的位数,如果 n 为 0 则表示是一个整数。

(3) 日期类型:date,存放日期和时间,包括年(yyyy)、月(mm)、日(dd)、小时(hh24)、分(mi)、秒(ss)。

(4) clob 类型:存放单字节字符串或多字节字符串数据,如文本文件、xml 文件。

(5) blob 类型:存放非结构化的二进制数据,如图片、音频、视频、Office 文档等。

(6) rowid 类型:存放表中记录在数据库中的物理地址。在数据库中每一行记录都有一个地址,可以通过查询伪列 rowid 来查看该值。

3. 创建表

【例 4-2】 创建表 system.xs。

```
SQL> create table  system.xs
  ( xh varchar2(6) not null,
    xm varchar2(8) not null,
    zym varchar2(6),
    xb varchar2(2),
    cssj date,
    zxf number(2),
    primary key (xh)
      );
```

【例 4-3】 创建课程表(course),注意表的外键。

```
SQL> create table course
( cno   varchar2(2) primary key,
  cname varchar2(6),
  cpno  varchar2(2),
  creadit smallint,
  foreign key (cpno) references course(cno)
)
  tablespace users;
```

【思考】 有外键的表应该如何录入信息?

录入外键信息时,根据参照完整性的概念可知,外键信息要么为空值,要么为对应表的主键的值,没有第三种形态。如对于学生表 xs,主键为 xh;对于课程表 kc,主键为课程号 kch;对于选课表 xs_kc,主键为(xh, kch),并且 xh 为选课表的外键,对应的值为学生表中主键 xh 的值，kch 为选课表的外键，对应的值为课程表中主键 kch 的值。因此实际输入时，需要先输入学生表和课程表，后输入选课表（此时选课表外键的值是从下拉菜单中选择的）。

4.1.2 改变基本表的特性

1. 修改表的表空间

在创建表时，用户一般不知道在它们所支持的应用的生命周期内施加给这些表的所有要求，因此要尽可能具有前瞻性地构建表。如建表时没有考量表所在的表空间，则表的表空间为当前用户的默认表空间。如需修改已经存在的表的表空间，格式如下：

```
alter table < table_name > move tablespace 表空间的名字
举例:alter table xs  move tablespace users;
```

将学生表从 system 表空间移动到 users 表空间（同时对应的物理结构的.dbf 文件也发生了变动，具体变化由 Oracle 自动处理，此时可用 move 表空间改变表实际的物理存储）。基本语法如下：

```
SQL> alter table scott.kc move tablespace test;
```

2. Create table 创建表的分身

【例 4-4】 创建 xs 表中计算机专业学生的记录备份。

```
SQL> create table xs_jsj
   as select  *   from xs_kc
        where   jym='计算机';
```

实战时，如想有两个一样结构和内容的表，可以通过 create table xs_1 as select * from xs 实现。如只需要表的结构，不需要原表的内容，可以接着通过 truncate table xs_1 快速删除表内的数据，仅留存表的结构实现。

3. 修改表结构

可以使用 alter table 语句对表进行修改，包括修改表名、添加列、删除列、修改列属性、修改列的约束等。

（1）修改表的基本语法如下：

```
alter table [schema.] table_name
    add(列名字   列类型),
       modify(列名字   列类型)|(列名字   default 默认值)
          [ drop column   列名]
```

(2) 添加列：在 alter table 语句中使用 add 子句可以在表中添加列。

【例 4-5】 在表 system.xs 中增加 2 列：jxj（奖学金等级），djsm（奖学金等级说明）。

```
SQL> alter table system.xs
    add ( jxj number(1),djsm varchar2(40) default '奖金1000元');
```

(3) 修改列名：在 alter table 语句中使用 rename column…to…子句可以修改列名。

【例 4-6】 将表 system.xs 中 jxj 列的名称修改为 jxj_1。

```
SQL> alter table system.xs
     rename column jxj to jxj_1;
```

(4) 设置列的默认值：在 alter table 语句中使用 modify 子句可以在表中设置列的默认值。

【例 4-7】 在表 system.xs 中设置名为 djsm 的列的默认值。

```
SQL> alter table system.xs
     modify ( djsm default '奖金800元' );
```

(5) 删除表的列：在 alter table 语句中使用 drop column 子句可以删除列。

【例 4-8】 在表 system.xs 中删除名 djsm 的列。

```
SQL>  alter table system.xs
     drop column djsm;
```

注意：对表结构的删除要慎之又慎，具体包含删除具体的列，删除列上的数据，删除约束，删除分区等。在删除列时有 column 关键字，但添加列时没有。

(6) 将列设置为不可用：在 alter table 语句中使用 set unused 子句可以将列设置为不可用。

【例 4-9】 将 system.xs 表中的列 zxf 设置为不可用。

```
SQL> alter table system.xs
     set unused(zxf);
```

【例 4-10】 删除表 system.xs 中的所有记录。

```
SQL> truncate table system.xs;
```

【例 4-11】 要删除表 system.xs，使用如下语句：

```
SQL> drop table system.xs;
```

4.1.3 添加和修改数据

可以使用 insert 语句向指定的表中插入数据。
1. 添加表记录方法一
insert 语句的基本使用方法如下所示：

```
insert into<表名> (列名 1,列名 2,…,列名 n)
    values(值 1,值 2,…,值 n);
```

列名 1,列名 2,…,列名 n 必须是指定表中定义的列,而且必须和 values 子句中的值 1,值 2,…,值 n 一一对应,且数据类型相同。

【例 4-12】 建立表 test。

```
SQL> create table test
(xm varchar2(20)   not null,
zy  varchar2(30) default('计算机'),
nj number not null
);
```

用 insert 向 test 表中插入一条记录：

```
SQL> insert into test(xm,nj)    values('王林',19);
```

【例 4-13】 建立表 xs_1。

```
SQL> create table xs_1
    (xh varchar2(6),
     xm varchar2(6),
     zym varchar2(6),
     xb varchar2(2),
     cssj date,
     zxf number(2)
     );
```

或者

```
SQL> create table xs_1 as select * from xs;
SQL> truncate table xs_1;
```

向 xscj 数据库的表 xs 中插入如下一行记录：

```
        061101    王林    计算机    男    19870201    50
SQL> insert into xs_1(xh,xm,zym,xb,cssj,zxf)
        values('061101','王林','计算机','男',to_date('19870201',
'yyyymmdd'),50);
```

2. 添加表记录方法二

语法格式：

insert into table_name 子查询

子查询是一个由 select 语句查询得到的结果集。利用该参数，可把一个表中的部分数据插入到表 table_name 中，如图 4-1 所示。

```
SQL> create table xs_1 as select * from xs;
Table created
SQL> truncate table xs_1;
Table truncated
SQL> insert into xs_1  select * from xs;
8 rows inserted
```

图 4-1 灵活表结构和记录的 copy

3. 修改数据

可以使用 update 命令修改表中的数据。update 语句的基本使用方法如下所示：

update 表名 set 列名1=值1,列名2=值2,…,列名n=值n   where 更新条件表达式

当执行 update 语句时，指定表中所有满足 where 子句条件的行都将被更新，列 1 的值被设置为值 1，列 2 的值被设置为值 2，列 n 的值被设置为值 n。如果没有指定 where 子句，则表中所有的行都将被更新。

【例 4-14】 将学生王林的学号修改为 111111，可以使用下面的 SQL 语句。

```
SQL> update xs set xh='111111' where xm='王林';
commit;
SQL> select xh,xm,zym,xb,cssj,zxf from xs;
  运行结果为：
  XH        XM      ZYM       XB       CSSJ        ZXF
  ---       ---     ---       ---      ---         ---
  111111    王林    计算机    男       19870201    50
```

可以使用 delete 命令删除表中的数据。delete 语句的基本使用方法如下：

```
delete 表名
where 删除条件表达式
```

当执行 delete 语句时，指定表中所有满足 where 子句条件的行都将被删除。

【例 4-15】 删除表 xs 中列 xm 等于空(' ')的数据，可以使用以下 SQL 语句。

```
SQL> delete from xs where xm=' ';
```

设置 default 列属性。在列上设置 default 属性后，当插入数据时，如果不指定该列的值，则 oracle 会自动为该列赋默认值。在列定义中使用 default 关键字可以设置该列的默认值。

【例 4-16】 创建表 tempxs，设置 zym 列的默认值为计算机，代码如下：

```
SQL> create table xsman.tmpxs
( xh varchar2(6),
  xm varchar2(6),
  zym varchar2(6) default('计算机'),
  xb varchar2(2),
  cssj date,
  zxf number(2)
  );
```

4.1.4 表的约束(constraint)

在设计数据库时，不允许向表中写入无效数据，因此通常需要考虑数据的完整性。当表之间的数据相互依赖时，可以保护数据不被误删除。主键的完整性和外键的完整性是基本表的两个不变性。

1. 表的完整性约束

通过为表中的列增加约束条件，可以防止用户向该列传递不合要求的数据。例如，表 xs 中不存在相同学号的两条记录，学号列的值不应该为空等。如果不满足数据完整性，数据库中就会存在大量的无效数据，从而造成资源的浪费和逻辑的混乱。人员表的性别列，使用数据类型 varchar2(2)可以将该列的输入数据限定为两个字节长度的字符串，但不能对字符串的内容做限制，像"ab"、"12"和"家"等都是两个字节长度的字符串，它们都可以成功地传递给性别列，但是很明显它们是不符合要求的数据。为了防止这种情况的出现，可以对表添加完整性约束。

2. 约束的分类

按照不同的角度，可以将表的完整性约束分成不同的类别，主要可以选取两个角度：

约束的作用域和约束的用途。

(1) 按照约束的作用域可以将表的完整性约束分为如下两大类。

表级约束:应用于表,对表中的多个列起作用。

列级约束:应用于表中的一列,只对该列起作用。

(2) 表约束是 Oracle 提供的一种强制实现数据完整性的机制。按照约束的用途可以将表的完整性约束分为 5 类,如表 4-2 所示。

表 4-2　标的常见约束

约束	说明
非空(not null)	非空约束。指定一列不允许存储空值。这实际就是一种强制的 check 约束
主键(primary key)	主键约束。指定表的主键。主键由一列或多列组成,唯一标识表中的一行
唯一键(unique key)	唯一约束。指定一列或一组列只能存储唯一的值
检查(check)	检查约束。指定一列或一组列的值必须满足某种条件
外键(foreign key)	外键约束。指定表的外键。外键引用另外一个表中的一列,在自引用的情况中,则引用本表中的一列

4.1.5　虚表(dual)

Oracle 数据库中存在一个特别的表 dual,它是一个虚拟表,用其来构成 select 的语法规则,比如想查询 1+1 的结果,因为结果的显示需要满足 select 语法格式,而对于表达式,不涉及出自什么表,所以类似情况系统给出了 select 语句 from 之后的表为虚表 dual。Oracle 对 dual 虚表的操作做了一些特别的处理,保证 dual 表里面永远只有一条记录。dual 虚表的存在给程序员带来了一些方便。dual 虚表只有一个字段,一条记录,dummy='X',如图 4-2 所示。

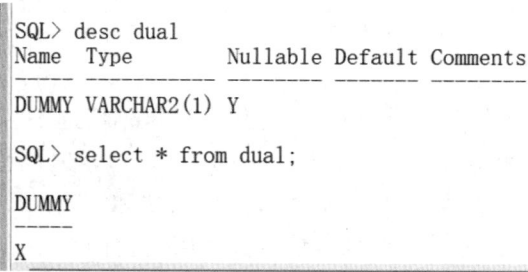

图 4-2　理解 dual 虚表

普通用户对 dual 虚表只有查询权限,没有增、删、改权限。dual 通常出现在计算算数表达式、日期型表达式或逻辑表达式的值时,补充表信息,从而满足 select 语法格式,如图 4-3、图 4-4 和图 4-5 所示。

图 4-3　数值型表达式和字符型表达式　　图 4-4　日期型表达式

图 4-5　日期型表达式转换为字符串表达式

日期型数据常用函数 to_date(字符串,'格式')将字符型转换为日期类型,如图 4-6 所示。

【例 4-17】　select to_date('2022/02/10','yyyy/mm/dd') from dual；

执行结果如下：

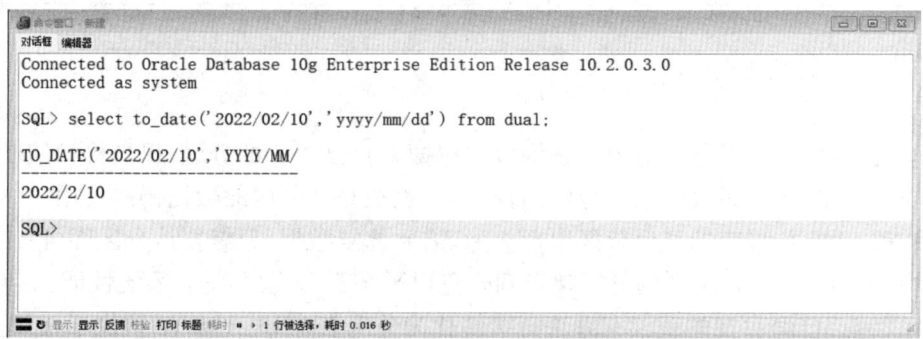

图 4-6　字符型转换成日期型

4.2　分区表

4.2.1　分区表的意义和实现基础

随着大数据涉及表中的数据量不断增大,查询数据的速度就会变慢,应用程序的性能也会受牵制,这时通常考虑对表进行分区。分区后,逻辑上分区表的不同分区仍然属于一个完整的表,只是将表中的数据在物理上存放到多个表空间中(表空间的物理文件上,实现分布式存储),当查询数据时,不至于每次都扫描整张表,但逻辑上,不同的分区表依然属于一个二维表,从而既方便了存储大量数据,又提高了查询效率。注意:分区表的分区英文为 partition,逻辑结构表空间、段、区、块种的区为 extent。

分区能够将表、索引或索引组织表进一步细分为段,这些数据库对象的段叫作分区。每个分区都有自己的名称,还可以选择自己的存储特性。从数据库管理员的角度来看,一个分区后的对象具有多个段,这些段既可以进行集体管理,也可以单独管理,这就使数据库管理员在管理分区后的对象时有相当大的灵活性。但是,从应用程序的角度来看,分区后的表与非分区表完全相同,使用 SQL、DML 命令访问分区后的表时,无需做任何修改。

分区表的建立和使用是一种"分而治之"的技术,通过将大表分成可以管理的小块,从而避免了对每个表作为一个大的、单独的对象进行管理,为大量数据的存储提供了可伸缩性,提高了对巨型数据库的读写和查询速度。分区是将一个大的表分割成较小的片(分区),在实际应用中,分区表的操作是在独立的分区上,但是对用户而言是透明的(类似于一个大学不同的校区)。

Oracle 的分区表为各式应用程序带来了极大的好处。通常,分区可以使某些查询以及维护操作的性能大大提高。此外,分区还可以极大地简化常见的管理任务,分区是构建千兆字节数据系统或超高可用性系统的关键工具。

4.2.2 分区表的优缺点和分类

1. 表分区的优缺点
(1) 优点:
- 改善查询性能:对分区对象的查询可以仅搜索自己关心的分区,提高检索速度;
- 增强可用性:如果表的某个分区出现故障,表在其他分区的数据仍然可用;
- 维护方便:如果表的某个分区出现故障,需要修复数据,只修复该分区即可;
- 均衡 I/O:可以把不同的分区映射到磁盘以平衡 I/O,改善整个系统性能。

(2) 缺点:已经存在的表没有办法直接转化为分区表,不过 Oracle 提供了在线重定义表的功能。

2. 分区表的分类
- 哈希(Hash)分区表;
- 范围(range)分区表;
- 列表(list)分区表;
- 组合分区表。

列表分区表是基于特定值对表进行分区,其分区列的值为非数值型或日期类型,并且分区列的取值种类较少,一般为字符型,使用 partition by list 子句,列表值相同的行将被存储到同一分区中。分区表需要考虑分区的依据、分区的名字、分区值(或者值的区域)及每个分区所在的表空间。

4.2.3 分区表的创建和使用

4.2.3(1)

1. 列表(list)分区表的建立

【例 4-18】 建表 part_book1 且给其分区,如图 4-7 所示。

```
SQL>    create table part_book1
  2     (   bid number(4),
  3           bookname VARCHAR2(20),
  4           bookpress VARCHAR2(30),
  5           booktime date
  6     )
  7     partition by list(bookpress)
  8     (   partition part1 values('清华大学出版社') tablespace system,
  9         partition part2 values('教育出版社') tablespace users
 10     );
Table created
```

图 4-7 分区表的创建

向分区表中添加和显示记录。

```
SQL > insert into part_book1 values(1,'oracle','东南大学出版社',
to_date('20110102','yyyymmdd'));
SQL > insert into part_book1 values(2,'音乐基础欣赏','教育出版社',
to_date('20120102','yyyymmdd'));
SQL > select * from part_book1 partition(part1);
```

显示结果:

BID	BOOKNAME	BOOKPRESS	BOOKTIME
1	oracle	东南大学出版社	2011-1-2

给 list 分区表增加分区。

【例 4-19】 给表 part_book1 添加分区。

```
SQL> alter table part_book1
       add partition part3 values(default) tablespace system;
```

注意:与分区表相关的数据字典有:dba_part_tables、dba_tab_partitions 等。

2. 范围(range)分区表的创建

(1) range 的含义

范围分区就是对数据表中某个值的范围进行分区,根据这个值的范围,决定将该数据存储在哪个分区上,是应用范围比较广的表分区方式。它是以列的值的范围作为分区的划分条件,将记录存放到列值所在的 range 分区中。

比如按照时间划分,2022 年一季度的数据放到 a 分区,2022 年二季度的数据放到 b 分区,因此在创建分区表的时候,需要指定基于的列以及分区的范围值。若某些记录暂时无法预测范围,可创建 maxvalue 分区,所有不在指定范围内的记录会存储到 maxvalue 区。

(2) range 分区表的建立

建立 range 分区表需要考虑分区的依据、分区的名字、分区值(或者值的区域)及每个分区所在的表空间。values less than 子句:后跟分区范围值(如果依赖列有多个,范围对应值也应是多个,中间以逗号分隔)。

【例 4-20】 创建 part_book 表并进行 range 分区。

```
SQL> create table part_book
    ( bid number(4),
      bookname   varchar2(20),
      bookpress  varchar2(30),
      booktime date
    )
  partition by range(booktime)
  ( partition part1 values less than (to_date ('20200101',
'yyyymmdd'))
      tablespace system,
      partition part2 values less than (to_date ('20220101',
'yyyymmdd'))
      tablespace users,
      partition part3 values less than (maxvalue)
      tablespace users
    );
  SQL>insert into part_book values(1,'oracle','东南大学出版社',to_
date('20220102','yyyymmdd'));
  SQL>insert into part_book values(2,'oracle','东南大学出版社',to_
date('20190101','yyyymmdd'));
```

思考:这两条记录分别加入了哪几个分区?如何验证,即如何分别查找各个分区的内容?

3. range 分区的切割和删除

range 分区表使用一段时间后,经常需要再细化分区或合并分区,这涉及 range 分区表的切割和合并。切割的位置在分区表中间或者开始处或者带有 maxvalue 值的尾处,可以在这些位置对原分区表的原分区做切割。

4.2.3(2)

语法格式：

```
alter table 表名  split partition  分区的名字
    at (值)
      into (partition  新分区的名字1, partition  新分区的名字2)
```

注意：切割（split）时，请注意待切割的原来分区（partition）名称，新的切割标准——at()，at 的值要恰好设定在原分区的起始值和结束值之间，否则切割不成功。

【例 4-21】 将 part3 分区切割为两个新的分区，名字为 part3、part4，分区的依据值为 20230101。

```
SQL> alter table  part_book4  split partition part3
  at (to_date('2023/01/01','yyyy/mm/dd'))
    into(partition part3,partition part4);
```

删除分区的语法格式为：

```
alter table 分区表名 drop partition 分区名;
```

【例 4-22】 删除表 part_book 的 partition part3 分区。

```
SQL> alter table  part_book  drop partition part3;
```

【思考】 split 分区表后，如何通过数据字段查询表的分区情况？

4.3 同义词

Oracle 支持为表、索引或视图等模式对象定义别名，也就是为这些对象创建同义词。Oracle 中的同义词主要分为如下两类。

公有同义词：数据库中的所有用户都可以使用。

私有同义词：由创建它的用户私人拥有。不过，用户可以控制其他用户是否有权使用自己的同义词。

4.3.1 创建同义词

利用 create synonym 命令创建同义词，其语法格式为：

```
create [public] synonym  同义词名称
  for [system.]xs_object
```

【例 4-23】 为当前数据库 system 用户下的 xs_kc 表创建公有同义词 xs_kc。

```
SQL> create public synonym xs_kc
    for system.xs_kc;
```

同义词不但可以应用在表的命名中,也可以应用在视图、序列、存储过程、函数以及包中,因此它的应用范围很广泛。

在分布式数据库中,为了识别一个数据库对象,如表或视图,必须规定对象的全限名——主机名、服务器名、对象的拥有者和对象名,例如 605_1.orcl.system.xs。

【例 4-24】 为当前数据库系统自带的 scott 用户下的 emp 表创建远程数据库同义词。

```
SQL> create public synonym emp  for scott.emp;
```

【例 4-25】 为当前数据库系统自带的 scott 用户下的 cs_xs 视图创建公有同义词 cs_xs。

```
SQL> create synonym kc
    for scott.kc
```

4.3.2 使用和删除同义词

1. 使用同义词

【例 4-26】 非 system 用户查询当前数据库 xs_kc 表中所有学生的情况。

```
SQL> select * from xs_kc;
```

相当于 select * from system.sx_kc;

2. 利用 drop synonym 命令删除同义词

语法格式:

```
drop [public] synonym [schema.]synonym_name
```

说明:public 表示删除一个公有同义词。schema 指定将要删除的同义词的用户方案。synonym_name 为将要删除的同义词名称。

【例 4-27】 删除公有同义词 xs_kc。

```
SQL> drop public synonym xs_kc;
```

4.4 序列

Oracle 中序列(sequence)是一种数据对象,可以视为一个等差数列,可以自增也可以自减。第一次使用序列时,没有当前值,只有下一个值(此时,该数值是序列中第一个数的值),之后可以通过点记法任取序列的当前值(current)或者下一个数值(nextval)。

序列定义存储在数据字典中。序列通过提供唯一整数值的顺序表来简化程序设计工作。不管哪个用户或进程使用了序列生成器中的一个值,则下一个用户或者进程所使用的值是上一个值的后继值。

1. 利用 SQL 命令创建序列

语法格式:

```
create   sequence schema.序列名称
[start with    整型数据]
[increment  by     整型数据]
[maxvalue   整型数据|nomaxvalue]
[minvalue   整型数据|nominvalue]
[cycle | nocycle];
```

说明:

start with:序列的起始值。若不指定该值,对升序序列将使用该序列默认的最小值;对降序序列,将使用该序列默认的最大值。

increment by:指定序列递增或递减的间隔数值。

【例 4-28】 创建一个降序序列。

```
SQL> create sequence   stu_sequence
    start with 5000
        increment by   -2
         maxvalue  5000
           minvalue  1
              nocycle;
```

2. 序列实战

点记法使用存在的序列语法格式:

- sequenceName.currval   获取序列的当前值。
- sequenceName.nextval   获取序列的下一个值,即将当前值自增后返回。

注意:第一次使用序列时 sequenceName.nextval 才会真正去初始化它,第一次使用不可以采用 sequenceName.currval,此时序列指针指向第一个值之前,即初始化之前序列值是不存在的,第一次返回的是初始值,即 start with 指定的值。

【例 4-29】 在表 student 中使用创建好的序列 stu_sequence,添加表中 sno 字段的内容。

搭建环境

```
SQL> create table student(
```

```
sno varchar2(8),
sname varchar2(10));
SQL> insert into student values(stu_sequence.nextval, '李明');
```

引用序列是通过伪列 nextval 完成的,它用的是序列的下一个值,若引用当前值,则用伪列 currval。

3. 修改序列参数

```
SQL> alter sequence  student_sequence
     maxvalue 200;
```

4.5　merge 的含义与实战

4.5.1　merge 的引入

　　分布式数据库 Oracle 提供了 merge into 命令,该命令功能非常强大,属于数据库管理员 DBA 必备技能之一,merge into 命令实际上是 insert、update、delete 语句的合体。merge 顾名思义就是将两表(源表和目标表)比较后,对目标表"有则更新,无则插入",这也是 merge into 命令的核心思想。

　　应用场合:对于特定的数据,在一次批量操作过程中,如果数据已经存在,则对存在的数据按照现有情况进行更新,如果数据不存在,则需要将数据添加到数据库的表中。

　　比如,在实际开发过程中,我们经常会遇到通过两表互相关联的字段来匹配更新其中一个表的某些字段的业务,有时还要处理不匹配的情况下的业务。此时随着表的数据量增加,类似这种业务场景的执行效率越来越慢,因为每次操作都需要重复查询两表中的数据。而 merge into 命令则只需要一次关联即可完成"有则更新,无则插入"的业务处理,大大提高了语句的执行效率。同时,它也是 DBA 常用的业务处理方法,大大提高了 DBA 日常处理业务的能力。

　　目的:通过 merge into 语句,根据一张表(源表,source table)对另外一张表(目标表,target table)进行查询,连接条件匹配上的进行 update,无法匹配的进行 insert。这个语法仅需要一次全表扫描就完成了全部工作,执行效率远高于 insert+update。

　　具体操作:根据与源表连接的结果,对目标表执行插入、更新或删除操作。

　　【例 4-30】　模拟 merge 运行过程中一条记录的处理情况。

　　/*示例程序块:

```
找 Jame 同学,如果 xs 表中有该同学,则更新他的总学分为 50,如果没有该同学,则需要添加该同学的信息 */
```

```
declare
    v_xm varchar2(8):='Jame';
    v_zym varchar2(10):='计算机';
    v_zxf number(2):=50;      /*定义变量类型*/
begin
      update xs  set zxf=v_zxf
         where xm=v_xm;
      if SQL%notfound then
         dbms_output.put_line('没有该人,需要插入该人');
         insert into xs(xh,xm,zym,zxf)
values('007',v_xm,v_zym,v_zxf);
      end if;
   end;
```

分析:该例子中,如果在数据库学生表 xs 中发现了该同学(Jame 同学),即为匹配成功,匹配成功的为"有"该记录,根据对目标表"有则更新,无则插入"的原则,需要对目标表做更新 update 操作;同理,匹配不成功的,说明 Jame 同学实际是存在的,但学生表 xs 中漏了该同学,则会对目标表做插入 insert 操作。该例子的实质即模拟了 merge 命令中处理一条记录的分解情况。

4.5.2　merge 语法

```
merge into tdest d
   using  tsrc  s
     on  (s.srckey=d.destkey)
       when not matched then
          insert  (destkey, destdata) values  (srckey, srcdata)
       when matched then
         update set   d.destdata=d.destdata+s.srcdata;
```

说明:
- using 子句用于指定要与目标连接的数据源。
- on 子句用于指定决定目标与源的匹配位置的连接条件。
- when 子句用于根据 on 子句的结果指定要执行的操作。
- 使用源表和目标表时必须使用表的别名。当数据不匹配时,执行添加 insert 语句,该语句与数据库原理中 SQL 的 insert 有细微不同(省略了 into 表名,原因是 into 之后必须为目标表)。当数据匹配时,执行 update 语句。(请注意该处 update 语法与经典 update

语法的不同）。

4.5.3 merge 实战初探

对于学生表 xs 考虑有可能的情况：

（1）源表 xs_s 中有该学生，但是目标表 xs_d 中没有该学生，则需要将源表中的学生 insert 到目标表。

（2）源表 xs_s 中有该学生，而且 xs_d 表中也有该学生，则需要根据源表中的学生信息 update 目标表，或者删除目标表中的部分记录。

检查表 xs1 中的数据是否和表 xs 中的数据相匹配，如果不匹配则使用 insert 子句插入数据行。

搭建平台：
```
SQL> create table xs1 as select * from xs;
SQL> truncate table xs1;
SQL> insert into xs1(xh,xm,zym,zxf) values('101112','李明','计算机',36);
```

已知条件：存在两个表 xs 和 xs1，两个表的结构一致，内容不统一。目前的想法是，合并两个表中所有的信息并记录到 xs 中。

【例 4-31】 使用 merge 语句将 xs1 表中新增的数据插入表 xs 中，结果如图 4-8 所示。

```
SQL> merge into xs d
      using xs1 s
       on(d.xh=s.xh)
         when not matched then
   insert(d.xh,d.xm,d.zym,d.xb,d.cssj,d.z
   values(s.xh,s.xm,s.zym,s.xb,s.cssj,s.zxf);
```

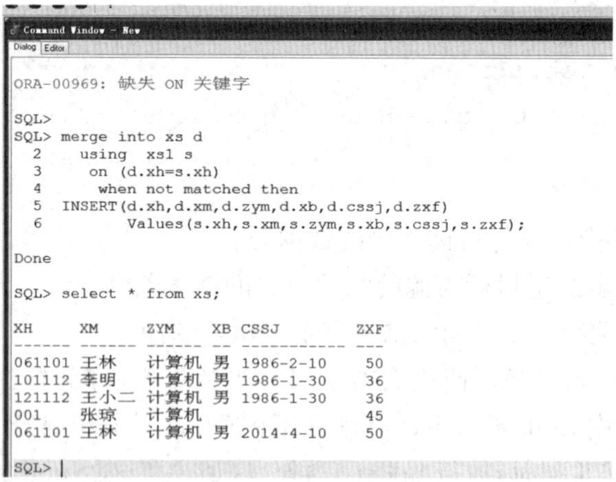

图 4-8 merge 实战应用

分析：即将 xs1 表中的数据补充到 xs 表中，相当于将两个表的内容合并。

4.5.4 merge 综合实战

构建平台
```
create table products
   (
   product_id              integer,
   product_name            varchar2(60),
   category                varchar2(60)
   );
create table newproducts
   (
   product_id              integer,
   product_name            varchar2(60),
   category                varchar2(60)
   );
```

通过 PL/SQL 程序添加两表记录，注意观察，两表记录通过 product_id 关联后，发生了哪些变化，即哪些记录需要修改，哪些记录需要添加？创建表和添加表记录为 merge 前的平台搭建工作。

```
begin
    insert into products values (1501, 'VIVITAR 35MM', 'ELECTRNCS');
    insert into products values (1502, 'OLYMPUS IS50', 'ELECTRNCS');
    insert into products values (1600, 'PLAY GYM', 'TOYS');
    insert into products values (1601, 'LAMAZE', 'TOYS');
    insert into products values (1666, 'HARRY POTTER', 'DVD');
    commit;
    Insert into newproducts values (1502, 'OLYMPUS CAMERA', 'ELECTRNCS');
    insert into newproducts values (1601, 'LAMAZE', 'TOYS');
    insert into newproducts values (1666, 'HARRY POTTER', 'TOYS');
    insert into newproducts values (1700, 'WAIT INTERFACE', 'BOOKS');
    commit;
end;
/
```

通过 select 查看两个表的内容。注意两表 product_id 匹配的有产品号 1502、1601、1666，newproducts 中不匹配的记录有产品号 1700，如图 4-9 所示。

```
products;
          PRODUCT_ID PRODUCT_NAME                          CATEGORY
          ---------- ------------                          --------
              1501   VIVITAR 35MM                          ELECTRNCS
              1502   OLYMPUS IS50                          ELECTRNCS
              1600   PLAY GYM                              TOYS
              1601   LAMAZE                                TOYS
              1666   HARRY POTTER                          DVD

newproducts
          PRODUCT_ID PRODUCT_NAME                          CATEGORY
          ---------- ------------                          --------
              1502   OLYMPUS CAMERA                        ELECTRNCS
              1601   LAMAZE                                TOYS
              1666   HARRY POTTER                          TOYS
              1700   WAIT INTERFACE                        BOOKS
```

图 4-9　实战平台搭建

【例 4-32】　假设 products 为目标表，newproducts 为源表，则若产品号相匹配，根据源表信息修改目标表的产品名（product_name）和产品类别（category）。

```
SQL> merge into products p
    using newproducts np
        on (p.product_id=np.product_id)
when matched then
        update set
        p.product_name=np.product_name,
        p.category=np.category;
```

根据对目标表"有则更新，无则插入"的原则，执行命令和结果如下：
（本例仅验证"有则更新"原则，如图 4-10 所示）

```
SQL> select * from products;
          PRODUCT_ID PRODUCT_NAME                          CATEGORY
          ---------- ------------                          --------
              1501   VIVITAR 35MM                          ELECTRNCS
              1502   OLYMPUS CAMERA                        ELECTRNCS
              1600   PLAY GYM                              TOYS
              1601   LAMAZE                                TOYS
              1666   HARRY POTTER                          TOYS
```

图 4-10　merge 实战应用

结果分析：对于目标表中 product_id 匹配的记录 1502、1601、1666，其 product_name 和 category 都已经更新。

【例 4-33】　merge 练习：一个 merge 例子带 update、delete 和 insert 三种操作，如图 4-11 所示。

```
SQL> merge into products p
using newproducts np
on (p.product_id=np.product_id)
  when matched then
    update
    set p.product_name=np.product_name,
    p.category=np.category
    delete where (p.category='ELECTRNCS')
  when not matched then
    insert
    values (np.product_id, np.product_name, np.category)
```

```
SQL> select * from products;
         PRODUCT_ID PRODUCT_NAME                          CATEGORY
         ---------- ------------------------------------- ----------
               1501 VIVITAR 35MM                          ELECTRNCS
               1600 PLAY GYM                              TOYS
               1601 LAMAZE                                TOYS
               1666 HARRY POTTER                          TOYS
               1700 WAIT INTERFACE                        BOOKS
SQL>
```

图 4-11　带 delete 的 merge

4.6　Oracle 集合操作

集合操作符专门用于合并多条 select 语句的结果,包括:union, union all, intersect, minus。具体如下:

union(无重并集):自动去掉结果集中的重复行,并且以第一列的结果进行升序排序。

union all(有重并集):不去掉重复行,并且不对结果集进行排序。

intersect(交集):取两个结果集的交集,并且以第一列的结果进行升序排列。

minus(差集):只取在第一个集合中存在,在第二个集合中不存在的数据,并且以第一列的结果进行升序排序。

注意:只有 union all 会将数据以原始的方式呈现出来;对于每一个查询,必须保证具有相同的列数目和列类型,但没有必要使列名相同。尽量使用 union all,除了 union all 之外的所有集合操作符都会进行默认排序和去除重复行,这需要占用一定的资源。

【例 4-34】　使用 union all 操作符,对 scott 用户的 emp 表进行操作,获得员工编号大于 7800 或者所在部门编号为 10 的员工信息,使用 order by 语句将结果集按照 deptno 列升序排序输出。

```
SQL> select empno,ename,sal,deptno from scott.emp
   where empno>7800
    union all
   select empno,ename,sal, deptno from    scott.emp   where deptno=10
   order by deptno ASC;
```

【例4-35】 使用 union all 和 minus 操作符,获得员工编号大于7800或者所在部门编号为10的员工中,工资大于等于2 000 的所有员工信息。

```
SQL> select empno,ename,sal,deptno from scott.emp
   where empno>7800
    union all
 select empno,ename,sal, deptno from scott.emp where deptno=10
    minus
 select empno,ename,sal, deptno from scott.emp where sal<2000;
```

使用 union 操作符,但是不指定 all 关键字,获得员工编号大于7800或者所在部门编号为10的员工信息。

4.7 习题

一、填空题

1. 在用 create 语句创建基本表时,用户可以使用_____命令把数据插入表中。
2. 在不需要基本表时,可以使用_____语句撤销。
3. 使用_____语句改变表名(视图)时,要求必须是表(视图)的所有者。
4. 根据约束的作用域,约束可以分为_____和_____两种。完整性约束的分类包括:_____。
5. _____是从若干基本表和(或)其他视图中构建出来的表。
6. _____表示事务成功结束,此时告诉系统,数据库要进入一个新的正确状态,该事务对数据库的所有更新都已交付实施。一旦执行了_____语句,会将目前对数据库的操作提交给数据库(实际写入 db),以后就不能用_____进行撤销了。
7. 在多进程 Oracle 实例系统中,进程分为用户进程、后台进程和_____服务进程。

二、选择题

1. 用于删除约束的命令是哪一个(   )?
   A. alter table modify constraint
   B. drop constraint
   C. alter table drop constraint

D. alter constraint drop

2. 现有如下关系：职工(职工号、姓名、性别、职务)

部门(部门编号、部门名称、职工号、姓名、部门地址、电话)

其中，部门关系中的外码是(　　)。

A. 部门编号　　　B. 姓名　　　C. 职工号　　　D. 职工号,姓名

3. 要控制两个表中数据的完整性和一致性,可以设置"参照完整性",要求这两个表是(　　)。

A. 同一个数据库中的两个表　　　B. 不同数据库中的两个表

C. 两个自由表　　　D. 一个是数据库表,另一个是自由表

4. 删除 Oracle 数据库中父/子关系中的父表。在删除父表时,下列哪个对象不会删除(　　)？

A. 相关约束　　　B. 子表　　　C. 相关触发器　　　D. 相关索引

5. 假定 user 表的 primary key 约束名为 user_id_pk,下面哪一个语句将删除这个约束(　　)？

A. drop constraint user_id_pk

B. alter table user drop user_id_pk

C. alter table user drop constraint user_id_pk

D. alter table user drop primary key

6. 对于索引,以下不正确的描述是(　　)。

A. 索引可以加快查询效率　　　B. 索引与 dml 速度无关

C. 索引创建后会自动被 Oracle 使用　　　D. 索引不占用存储空间

7. 索引字段值不唯一,应该选择的索引类型为(　　)。

A. 主索引　　　B. 普通索引　　　C. 候选索引　　　D. 唯一索引

8. 对于学生—选课—课程之间的三个关系：S(S#,sname,sex,age)、SC(S#,C#,grade)、C(C#,cname,teacher),为了提高查询速度,对 SC 表创建唯一索引,应建在哪个组上(　　)？

A. (S#,C#)　　　B. S#　　　C. C#　　　D. grade

9. 在 SQL 中,删除视图用(　　)。

A. drop schema 命令　　　B. create table 命令

C. drop view 命令　　　D. drop index 命令

10. 对于学生—选课—课程之间的三个关系：S(S#,sname,sex,age)、SC(S#,C#,grade)、C(C#,cname,teacher),为了考虑安全性,每个教师只能存取自己讲授的课程的学生成绩,应创建(　　)。

A. 视图　　　B. 索引　　　C. 游标　　　D. 表

11. 下列关于关系数据库视图的说法中,哪些是错误的(　　)？

A. 视图是关系数据库三级模式中的内模式

B. 视图能够对机密数据库提供一定的安全保护

C. 视图对重构数据库提供了一定程度的逻辑独立性
D. 对视图的一切操作最终都要转换为对基本表的操作

12. Oracle 中存储每位同学的照片通常采用（　　）类型。
    A. varchar2　　　　B. Blob　　　　C. Clob　　　　D. %type

13. truncate table 是用于（　　）。
    A. 删除表结构　　B. 仅删除记录　　C. 删除结构和记录　D. 删除用户

14. 以下（　　）不属于 Oracle 数据库的主要特点。
    A. 提供数据安全性和完整性控制　　　B. 支持多用户、大事务量的事务处理
    C. 支持分布式数据处理　　　　　　　D. 支持面向对象的直接操作方式

15. 关于唯一性约束，不正确的是（　　）。
    A. 使用唯一性约束的字段可以为空值
    B. 一个表允许有多个唯一性约束
    C. 可以把唯一性约束用于强制在指定字段上创建一个唯一性索引，并默认为聚集索引
    D. 可以把唯一性约束定义在多个字段上

16. 下列涉及空值的操作，不正确的是（　　）。
    A. age is null　　　　　　　　　　B. age is not null
    C. age = null　　　　　　　　　　D. not（age is null）

17. 假定有一张用户表 users，其中有一个身份证字段 id_card，为了维护数据的完整性，在设计数据库时，最好对 id_card 字段添加约束，应该添加（　　）约束。
    A. primary key　　　　　　　　　　B. check
    C. default　　　　　　　　　　　　D. not null

18. sga 是一块巨大的共享内存区域，被看成是 Oracle 数据库的一个大缓冲池，如果需要查看 sga 的大小信息，可以使用如下（　　）语句。
    A. select sga from v$dba　　　　　B. select * from v$dba
    C. select * from v$sga　　　　　　D. select size from v%dba

19. 使用序列时，可以使用（　　）。
    A. currval 和 nextval　　　　　　　B. nextval 和 preval
    C. cache 和 nocache　　　　　　　　D. maxvalue 和 minvalue

20. 下面是 Oracle 提供的数据库对象，哪一个可以生成唯一的连续整数（　　）？
    A. 同义词　　　　B. 序列　　　　C. 视图　　　　D. 索引

21. Oracle 用于保存二进制大对象的数据类型是（　　）。
    A. binary　　　　B. bigobjec　　　C. blob　　　　D. clob

三、判断题

1. 唯一性约束条件的字段允许出现空值，但是最多只能是一个空值。　　　　（　　）
2. 可增加或删除约束，也可以直接修改。　　　　　　　　　　　　　　　（　　）
3. 序列是 Oracle 专有的对象，它用来产生一个自动递增的数列。　　　　　（　　）

4. 索引的作用：在数据库中用来加速对表的查询，通过使用快速路径访问方法能够快速定位数据，减少了磁盘的 I/O。（　　）

5. 索引数据不会占用存储空间。（　　）

6. 索引能够改善检索操作的性能，但降低了数据插入、修改和删除的性能。在执行这些操作时，dbms 必须动态地更新索引。（　　）

7. 删掉视图不会导致数据丢失，因为视图是基于数据库表的一个查询。（　　）

8. 改变基本表的数据，不会反映到基于该表的视图上。（　　）

9. 视图可以基于一个表或多个表，甚至是基于其他的视图。（　　）

10. rollback 表示事务不成功的结束，此时告诉系统，已发生错误，数据库可能处在不正确的状态，该事务对数据库的更新必须被撤销，数据库应恢复该事务到初始状态。每个 rollback 语句同时也是另一个事务的开始。（　　）

四、综合题

1. 如何通过分区表实现分布式存储？
2. 举例说明 merge 的作用及灵活应用。（需代码）
3. 如何建立并使用序列？
4. merge 使用的场合是什么？遵循的原则是什么？
5. 通过 alter 对 xs 表追加两列，一列为照片 zp(blob)，一列为简历 jl(clob)，并将每位同学的照片存储到分布式数据库的 xs 表中。

第三篇

PL/SQL 语言篇

第 5 章　PL/SQL 语言基础

> **本章重点：**
> - 理解 PL/SQL 程序块的结构构成。
> - 掌握数据类型（特别是%type 和%rowtype）的定义和应用。
> - 掌握 PL/SQL 语言基本的输入和输出及变量的赋值方式（select into 赋值方式）。
> - 掌握 select into 赋值时可能出现的三种情况及相应的解决方法。
> - 掌握三种语言和三种变量的灵活应用。

5.1　PL/SQL 语言必备 SQL 基础

SQL 语言提供了数据操纵能力，但不支持结构化编程。PL/SQL 是一种过程化的编程语言，支持 SQL 语句，有更好的执行性、可移植性和安全性；可以精准化满足不同记录的个性化需求；可以一次网络传输全部需求和数据；可以通过调用 procedure 完成底层操作；可以限制对 Oracle 数据库的访问等。用户可以使用 PL/SQL 编写函数、程序包、触发器，并且存储这些代码，这些代码可以由指定的用户使用。在进入 PL/SQL 之前，先温故而知新，复习 SQL 中的 select 语句，需要特别关注对别名和分组的处理，及对模糊查询的处理，后续会拓宽应用。

5.1.1　表单查询

1. 查询所有列（如图 5-1 所示）

```
SQL> select * from hr.employees;
```

```
SQL> select * from hr.employees;
EMPLOYEE_ID FIRST_NAME      LAST_NAME       EMAIL           PHONE_NUMBER
----------- --------------- --------------- --------------- ---------------
        198 Donald          OConnell        DOCONNEL        650.507.9833
        199 Douglas         Grant           DGRANT          650.507.9844
        200 Jennifer        Whalen          JWHALEN         515.123.4444
        201 Michael         Hartstein       MHARTSTE        515.123.5555
        202 Pat             Fay             PFAY            603.123.6666
        203 Susan           Mavris          SMAVRIS         515.123.7777
        204 Hermann         Baer            HBAER           515.123.8888
        205 Shelley         Higgins         SHIGGINS        515.123.8080
        206 William         Gietz           WGIETZ          515.123.8181
        100 Steven          King            SKING           515.123.4567
        101 Neena           Kochhar         NKOCHHAR        515.123.4568
        102 Lex             De Haan         LDEHAAN         515.123.4569
        103 Alexander       Hunold          AHUNOLD         590.423.4567
        104 Bruce           Ernst           BERNST          590.423.4568
        105 David           Austin          DAUSTIN         590.423.4569
        106 Valli           Pataballa       VPATABAL        590.423.4560
        107 Diana           Lorentz         DLORENTZ        590.423.5567
        108 Nancy           Greenberg       NGREENBE        515.124.4569
        109 Daniel          Faviet          DFAVIET         515.124.4169
        110 John            Chen            JCHEN           515.124.4269
```

图 5-1 查询所有列的结果

2. 查询指定列(如图 5-2 所示)

```
SQL> select department_id,department_name from hr.departments;
```

```
SQL> select department_id,department_name from hr.departments;

DEPARTMENT_ID DEPARTMENT_NAME
------------- ------------------------------
           10 Administration
           20 Marketing
           30 Purchasing
           40 Human Resources
           50 Shipping
           60 IT
           70 Public Relations
           80 Sales
           90 Executive
          100 Finance
          110 Accounting
          120 Treasury
          130 Corporate Tax
          140 Control And Credit
          150 Shareholder Services
          160 Benefits
          170 Manufacturing
          180 Construction
          190 Contracting
          200 Operations
```

图 5-2 查询指定列的结果

3. 使用算术表达式(如图 5-3 所示)

```
select employee_id,salary * 0.8 from hr.employees;
```

图 5-3　使用算术表达式的查询结果

4. 使用字符常量

SQL> select employee_id,'salary is: ',salary from hr.employees;

5. 使用函数

SQL> select employee_id,upper(first_name) from hr.employees;

6. 改变列标题

SQL> select employee_id empno,salary sal from hr.employees;

7. 使用连接字符串

SQL> select '员工名:'||first_name||last_name from hr.employees;

8. 消除重复行

SQL> select distinct department_id from hr.employees;

5.1.2　有条件查询

【例 5-1】　查询 10 号部门之外的其他部门的员工号、员工姓名及员工工资信息。如图 5-4 所示。

SQL> select employee_id,first_name,salary from hr.employees where department_id !=10;

```
SQL> select employee_id,first_name,salary from hr.employees where department_id != 10;
EMPLOYEE_ID FIRST_NAME          SALARY
----------- ----------          -------
    198 Donald                 2600.00
    199 Douglas                2600.00
    201 Michael               13000.00
    202 Pat                    6000.00
    203 Susan                  6500.00
    204 Hermann               10000.00
    205 Shelley               12000.00
    206 William                8300.00
    100 Steven                24000.00
    101 Neena                 17000.00
    102 Lex                   17000.00
    103 Alexander              9000.00
    104 Bruce                  6000.00
    105 David                  4800.00
    106 Valli                  4800.00
    107 Diana                  4200.00
    108 Nancy                 12000.00
    109 Daniel                 9000.00
    110 John                   8200.00
    111 Ismael                 7700.00
```

图 5-4 例 5-1 查询结果

【例 5-2】 查询工资大于 5 000 元的员工的员工号、员工姓名及员工工资信息，如图 5-5 所示。

```
SQL> select employee_id,first_name,salary from hr.employees
where salary>5000;
```

```
SQL> select employee_id,first_name,salary from hr.employees
  2  where salary>5000;
EMPLOYEE_ID FIRST_NAME          SALARY
----------- ----------          -------
    201 Michael               13000.00
    202 Pat                    6000.00
    203 Susan                  6500.00
    204 Hermann               10000.00
    205 Shelley               12000.00
    206 William                8300.00
    100 Steven                24000.00
    101 Neena                 17000.00
    102 Lex                   17000.00
    103 Alexander              9000.00
    104 Bruce                  6000.00
    108 Nancy                 12000.00
    109 Daniel                 9000.00
    110 John                   8200.00
    111 Ismael                 7700.00
    112 Jose Manuel            7800.00
    113 Luis                   6900.00
    114 Den                   11000.00
    120 Matthew                8000.00
    121 Adam                   8200.00
```

图 5-5 例 5-2 查询结果

【例 5-3】 查询工资大于等于 5 000 元，并且小于等于 12 000 元的员工信息，如图 5-6 所示。

```
SQL> select * from hr.employees
where salary between 5000 and 12000;
```

```
SQL> select * from hr.employees
  2  where salary between 5000 and 12000;

EMPLOYEE_ID FIRST_NAME      LAST_NAME      EMAIL        PHONE_NUMBER        HIRE_DATE
----------- --------------- -------------- ------------ ------------------- ----------
        202 Pat             Fay            PFAY         603.123.6666        1997/8/17
        203 Susan           Mavris         SMAVRIS      515.123.7777        1994/6/7
        204 Hermann         Baer           HBAER        515.123.8888        1994/6/7
        205 Shelley         Higgins        SHIGGINS     515.123.8080        1994/6/7
        206 William         Gietz          WGIETZ       515.123.8181        1994/6/7
        103 Alexander       Hunold         AHUNOLD      590.423.4567        1990/1/3
        104 Bruce           Ernst          BERNST       590.423.4568        1991/5/21
        108 Nancy           Greenberg      NGREENBE     515.124.4569        1994/8/17
        109 Daniel          Faviet         DFAVIET      515.124.4169        1994/8/16
        110 John            Chen           JCHEN        515.124.4269        1997/9/28
        111 Ismael          Sciarra        ISCIARRA     515.124.4369        1997/9/30
        112 Jose Manuel     Urman          JMURMAN      515.124.4469        1998/3/7
        113 Luis            Popp           LPOPP        515.124.4567        1999/12/7
        114 Den             Raphaely       DRAPHEAL     515.127.4561        1994/12/7
        120 Matthew         Weiss          MWEISS       650.123.1234        1996/7/18
        121 Adam            Fripp          AFRIPP       650.123.2234        1997/4/10
        122 Payam           Kaufling       PKAUFLIN     650.123.3234        1995/5/1
        123 Shanta          Vollman        SVOLLMAN     650.123.4234        1997/10/10
        124 Kevin           Mourgos        KMOURGOS     650.123.5234        1999/11/16
        147 Alberto         Errazuriz      AERRAZUR     011.44.1344.429278  1997/3/10
```

图 5-6 例 5-3 查询结果

【例 5-4】 查询工资小于 5 000 元，或者工资大于 12 000 元的员工信息，如图 5-7 所示。

```
SQL> select * from hr.employees
where salary not between 5000 and 12000;
```

```
SQL> select * from hr.employees
  2  where salary not between 5000 and 12000;

EMPLOYEE_ID FIRST_NAME      LAST_NAME      EMAIL        PHONE_NUMBER        HIRE_DATE
----------- --------------- -------------- ------------ ------------------- ----------
        198 Donald          OConnell       DOCONNEL     650.507.9833        1999/6/21
        199 Douglas         Grant          DGRANT       650.507.9844        2000/1/13
        200 Jennifer        Whalen         JWHALEN      515.123.4444        1987/9/17
        201 Michael         Hartstein      MHARTSTE     515.123.5555        1996/2/17
        100 Steven          King           SKING        515.123.4567        1987/6/17
        101 Neena           Kochhar        NKOCHHAR     515.123.4568        1989/9/21
        102 Lex             De Haan        LDEHAAN      515.123.4569        1993/1/13
        105 David           Austin         DAUSTIN      590.423.4569        1997/6/25
        106 Valli           Pataballa      VPATABAL     590.423.4560        1998/2/5
        107 Diana           Lorentz        DLORENTZ     590.423.5567        1999/2/7
        115 Alexander       Khoo           AKHOO        515.127.4562        1995/5/18
        116 Shelli          Baida          SBAIDA       515.127.4563        1997/12/24
        117 Sigal           Tobias         STOBIAS      515.127.4564        1997/7/24
        118 Guy             Himuro         GHIMURO      515.127.4565        1998/11/15
        119 Karen           Colmenares     KCOLMENA     515.127.4566        1999/8/10
        125 Julia           Nayer          JNAYER       650.124.1214        1997/7/16
        126 Irene           Mikkilineni    IMIKKILI     650.124.1224        1998/9/28
        127 James           Landry         JLANDRY      650.124.1334        1999/1/14
        128 Steven          Markle         SMARKLE      650.124.1434        2000/3/8
        129 Laura           Bissot         LBISSOT      650.124.5234        1997/8/20
```

图 5-7 例 5-4 查询结果

【例 5-5】 查询 10、20、30、50 号部门的员工的员工号、员工姓名及员工工资信息，如图 5-8 所示。

```
SQL> select employee_id, first_name, last_name, salary from hr.employees
  where department_id in(10,20,30,50);
```

```
SQL> select employee_id,first_name,last_name,salary from hr.employees
  2  where department_id in(10,20,30,50);

EMPLOYEE_ID FIRST_NAME           LAST_NAME                     SALARY
----------- -------------------- ------------------------- ----------
        198 Donald               OConnell                     2600.00
        199 Douglas              Grant                        2600.00
        200 Jennifer             Whalen                       4400.00
        201 Michael              Hartstein                   13000.00
        202 Pat                  Fay                          6000.00
        114 Den                  Raphaely                    11000.00
        115 Alexander            Khoo                         3100.00
        116 Shelli               Baida                        2900.00
        117 Sigal                Tobias                       2800.00
        118 Guy                  Himuro                       2600.00
        119 Karen                Colmenares                   2500.00
        120 Matthew              Weiss                        8000.00
        121 Adam                 Fripp                        8200.00
        122 Payam                Kaufling                     7900.00
        123 Shanta               Vollman                      6500.00
        124 Kevin                Mourgos                      5800.00
        125 Julia                Nayer                        3200.00
        126 Irene                Mikkilineni                  2700.00
        127 James                Landry                       2400.00
        128 Steven               Markle                       2200.00
```

图 5-8 例 5-5 查询结果

【例 5-6】 查询除 50 和 90 号部门之外其他部门的员工号、员工姓名及员工工资信息，如图 5-9 所示。

```
SQL> select employee_id, first_name, last_name, salary from hr.employees
  where department_id not in(50,90);
```

```
SQL> select employee_id,first_name,last_name,salary from hr.employees
  2  where department_id not in(50,90);

EMPLOYEE_ID FIRST_NAME           LAST_NAME                     SALARY
----------- -------------------- ------------------------- ----------
        200 Jennifer             Whalen                       4400.00
        201 Michael              Hartstein                   13000.00
        202 Pat                  Fay                          6000.00
        203 Susan                Mavris                       6500.00
        204 Hermann              Baer                        10000.00
        205 Shelley              Higgins                     12000.00
        206 William              Gietz                        8300.00
        103 Alexander            Hunold                       9000.00
        104 Bruce                Ernst                        6000.00
        105 David                Austin                       4800.00
        106 Valli                Pataballa                    4800.00
        107 Diana                Lorentz                      4200.00
        108 Nancy                Greenberg                   12000.00
        109 Daniel               Faviet                       9000.00
        110 John                 Chen                         8200.00
        111 Ismael               Sciarra                      7700.00
        112 Jose Manuel          Urman                        7800.00
        113 Luis                 Popp                         6900.00
        114 Den                  Raphaely                    11000.00
        115 Alexander            Khoo                         3100.00
```

图 5-9 例 5-6 查询结果

【例5-7】 查询姓名中含有"s"的员工信息,如图5-10所示。

```
SQL> select * from hr.employees
  where last_name like '%S%';
```

```
SQL> select * from hr.employees where last_name like '%S%';
EMPLOYEE_ID FIRST_NAME    LAST_NAME     EMAIL        PHONE_NUMBER      HIRE_DATE
----------- ------------  ------------  ----------   ----------------  ----------
        111 Ismael        Sciarra       ISCIARRA     515.124.4369      1997/9/30
        138 Stephen       Stiles        SSTILES      650.121.2034      1997/10/26
        139 John          Seo           JSEO         650.121.2019      1998/2/12
        157 Patrick       Sully         PSULLY       011.44.1345.929268 1996/3/4
        159 Lindsey       Smith         LSMITH       011.44.1345.729268 1997/3/10
        161 Sarath        Sewall        SSEWALL      011.44.1345.529268 1998/11/3
        171 William       Smith         WSMITH       011.44.1343.629268 1999/2/23
        182 Martha        Sullivan      MSULLIVA     650.507.9878      1999/6/21
        184 Nandita       Sarchand      NSARCHAN     650.509.1876      1996/1/27
```

图 5-10 例 5-7 查询结果

【例5-8】 查询名字第二个字母为"a"的员工信息,如图5-11所示。

```
SQL> select * from hr.employees
  where first_name like '_a%';
```

```
SQL> select * from hr.employees   where first_name like '_a%';
EMPLOYEE_ID FIRST_NAME    LAST_NAME     EMAIL        PHONE_NUMBER       HIRE_DATE
----------- ------------  ------------  ----------   ----------------   ----------
        202 Pat           Fay           PFAY         603.123.6666       1997/8/17
        105 David         Austin        DAUSTIN      590.423.4569       1997/6/25
        106 Valli         Pataballa     VPATABAL     590.423.4560       1998/2/5
        108 Nancy         Greenberg     NGREENBE     515.124.4569       1994/8/17
        109 Daniel        Faviet        DFAVIET      515.124.4169       1994/8/16
        119 Karen         Colmenares    KCOLMENA     515.127.4566       1999/8/10
        120 Matthew       Weiss         MWEISS       650.123.1234       1996/7/18
        122 Payam         Kaufling      PKAUFLIN     650.123.3234       1995/5/1
        127 James         Landry        JLANDRY      650.124.1334       1999/1/14
        129 Laura         Bissot        LBISSOT      650.124.5234       1997/8/20
        131 James         Marlow        JMARLOW      650.124.7234       1997/2/16
        133 Jason         Mallin        JMALLIN      650.127.1934       1996/6/14
        136 Hazel         Philtanker    HPHILTAN     650.127.1634       2000/2/6
        143 Randall       Matos         RMATOS       650.121.2874       1998/3/15
        146 Karen         Partners      KPARTNER     011.44.1344.467268 1997/1/5
        151 David         Bernstein     DBERNSTE     011.44.1344.345268 1997/3/24
        154 Nanette       Cambrault     NCAMBRAU     011.44.1344.987268 1998/12/9
        156 Janette       King          JKING        011.44.1345.429268 1996/1/30
        157 Patrick       Sully         PSULLY       011.44.1345.929268 1996/3/4
        161 Sarath        Sewall        SSEWALL      011.44.1345.529268 1998/11/3
```

图 5-11 例 5-8 查询结果

【例5-9】 查询名字中包含"_"字符的员工信息,如图5-12所示。

```
SQL> select * from hr.employees
  where first_name like '%x_%' escape 'x';
```

```
SQL> select * from hr.employees   where first_name like '%x_%' escape 'x';
EMPLOYEE_ID FIRST_NAME   LAST_NAME    EMAIL        PHONE_NUMBER   HIRE_DATE
----------- -----------  -----------  ----------   ------------   ---------
```

图 5-12 例 5-9 查询结果

【例 5-10】 查询没有奖金的员工信息,如图 5-13 所示。

```
SQL> select * from hr.employees
where commission_pct is null;
```

```
SQL> select * from hr.employees     where commission_pct is null;
EMPLOYEE_ID FIRST_NAME    LAST_NAME      EMAIL        PHONE_NUMBER   HIRE_DATE
        198 Donald        OConnell       DOCONNEL     650.507.9833   1999/6/21
        199 Douglas       Grant          DGRANT       650.507.9844   2000/1/13
        200 Jennifer      Whalen         JWHALEN      515.123.4444   1987/9/17
        201 Michael       Hartstein      MHARTSTE     515.123.5555   1996/2/17
        202 Pat           Fay            PFAY         603.123.6666   1997/8/17
        203 Susan         Mavris         SMAVRIS      515.123.7777   1994/6/7
        204 Hermann       Baer           HBAER        515.123.8888   1994/6/7
        205 Shelley       Higgins        SHIGGINS     515.123.8080   1994/6/7
        206 William       Gietz          WGIETZ       515.123.8181   1994/6/7
        100 Steven        King           SKING        515.123.4567   1987/6/17
        101 Neena         Kochhar        NKOCHHAR     515.123.4568   1989/9/21
        102 Lex           De Haan        LDEHAAN      515.123.4569   1993/1/13
        103 Alexander     Hunold         AHUNOLD      590.423.4567   1990/1/3
        104 Bruce         Ernst          BERNST       590.423.4568   1991/5/21
        105 David         Austin         DAUSTIN      590.423.4569   1997/6/25
        106 Valli         Pataballa      VPATABAL     590.423.4560   1998/2/5
        107 Diana         Lorentz        DLORENTZ     590.423.5567   1999/2/7
        108 Nancy         Greenberg      NGREENBE     515.124.4569   1994/8/17
        109 Daniel        Faviet         DFAVIET      515.124.4169   1994/8/16
        110 John          Chen           JCHEN        515.124.4269   1997/9/28
```

图 5-13 例 5-10 查询结果

【例 5-11】 查询有奖金的员工信息,如图 5-14 所示。

```
SQL> select * from hr.employees
where commission_pct is not null;
```

注意空值的处理,空值为 null。

```
SQL> select * from hr.employees     where commission_pct is not null;
EMPLOYEE_ID FIRST_NAME    LAST_NAME      EMAIL        PHONE_NUMBER        HIRE_DATE
        145 John          Russell        JRUSSEL      011.44.1344.429268  1996/10/1
        146 Karen         Partners       KPARTNER     011.44.1344.467268  1997/1/5
        147 Alberto       Errazuriz      AERRAZUR     011.44.1344.429278  1997/3/10
        148 Gerald        Cambrault      GCAMBRAU     011.44.1344.619268  1999/10/15
        149 Eleni         Zlotkey        EZLOTKEY     011.44.1344.429018  2000/1/29
        150 Peter         Tucker         PTUCKER      011.44.1344.129268  1997/1/30
        151 David         Bernstein      DBERNSTE     011.44.1344.345268  1997/3/24
        152 Peter         Hall           PHALL        011.44.1344.478968  1997/8/20
        153 Christopher   Olsen          COLSEN       011.44.1344.498718  1998/3/30
        154 Nanette       Cambrault      NCAMBRAU     011.44.1344.987668  1998/12/9
        155 Oliver        Tuvault        OTUVAULT     011.44.1344.486508  1999/11/23
        156 Janette       King           JKING        011.44.1345.429268  1996/1/30
        157 Patrick       Sully          PSULLY       011.44.1345.929268  1996/3/4
        158 Allan         McEwen         AMCEWEN      011.44.1345.829268  1996/8/1
        159 Lindsey       Smith          LSMITH       011.44.1345.729268  1997/3/10
        160 Louise        Doran          LDORAN       011.44.1345.629268  1997/12/15
        161 Sarath        Sewall         SSEWALL      011.44.1345.529268  1998/11/3
        162 Clara         Vishney        CVISHNEY     011.44.1346.129268  1997/11/11
        163 Danielle      Greene         DGREENE      011.44.1346.229268  1999/3/19
        164 Mattea        Marvins        MMARVINS     011.44.1346.329268  2000/1/24
```

图 5-14 例 5-11 查询结果

【例 5-12】 查询 10 号部门中工资高于 1 400 元的员工信息,如图 5-15 所示。

```
SQL> select * from hr.employees
where department_id=10 and salary>1400;
```

```
SQL> select * from hr.employees    where department_id=10 and salary>1400;
EMPLOYEE_ID  FIRST_NAME    LAST_NAME      EMAIL        PHONE_NUMBER   HIRE_DATE
        200  Jennifer      Whalen         JWHALEN      515.123.4444   1987/9/17
```

图 5-15 例 5-12 查询结果

【例 5-13】 查询工资高于 1 400 元的 10 号部门和 20 号部门的员工信息,如图 5-16 所示。

```
SQL> select * from hr.employees
     where (department_id=10 or department_id=20) and salary>1400;
```

```
SQL> select * from hr.employees
  2    where (department_id=10 or department_id=20) and salary>1400;
EMPLOYEE_ID  FIRST_NAME    LAST_NAME      EMAIL        PHONE_NUMBER   HIRE_DATE
        200  Jennifer      Whalen         JWHALEN      515.123.4444   1987/9/17
        201  Michael       Hartstein      MHARTSTE     515.123.5555   1996/2/17
        202  Pat           Fay            PFAY         603.123.6666   1997/8/17
```

图 5-16 例 5-13 查询结果

【例 5-14】 查询 1999 年 9 月 1 日后入职的员工号、员工姓名及入职信息,如图 5-17 所示。

```
SQL> select employee_id,first_name,last_name,hire_date
     from hr.employees
     where hire_date>='01-9月-1999';
```

```
SQL> select employee_id,first_name,last_name,hire_date
  2    from hr.employees
  3    where hire_date>='01-9月-1999';

EMPLOYEE_ID  FIRST_NAME    LAST_NAME      HIRE_DATE
        199  Douglas       Grant          2000/1/13
        113  Luis          Popp           1999/12/7
        124  Kevin         Mourgos        1999/11/16
        128  Steven        Markle         2000/3/8
        135  Ki            Gee            1999/12/12
        136  Hazel         Philtanker     2000/2/6
        148  Gerald        Cambrault      1999/10/15
        149  Eleni         Zlotkey        2000/1/29
        155  Oliver        Tuvault        1999/11/23
        164  Mattea        Marvins        2000/1/24
        165  David         Lee            2000/2/23
        166  Sundar        Ande           2000/3/24
        167  Amit          Banda          2000/4/21
        173  Sundita       Kumar          2000/4/21
        179  Charles       Johnson        2000/1/4
        183  Girard        Geoni          2000/2/3
        191  Randall       Perkins        1999/12/19
```

图 5-17 例 5-14 查询结果

【例 5-15】 查询员工的员工号、员工工资信息,按工资升序排序,如图 5-18 所示。

```
SQL> select employee_id,salary
     from hr.employees
       order by salary;
```

```
SQL> select employee_id,salary
  2    from hr.employees
  3    order by salary;

EMPLOYEE_ID    SALARY
-----------  --------
        132   2100.00
        136   2200.00
        128   2200.00
        127   2400.00
        135   2400.00
        191   2500.00
        119   2500.00
        140   2500.00
        144   2500.00
        182   2500.00
        131   2500.00
        198   2600.00
        199   2600.00
        118   2600.00
        143   2600.00
        126   2700.00
        139   2700.00
        117   2800.00
        183   2800.00
```

图 5-18　例 5-15 查询结果

【例 5-16】　查询员工的员工号、员工工资信息，按工资降序排序，如图 5-19 所示。

```
SQL> select employee_id,salary
     from hr.employees
     order by salary desc;
```

```
SQL> select employee_id,salary
  2    from hr.employees
  3    order by salary desc;

EMPLOYEE_ID    SALARY
-----------  --------
        100  24000.00
        101  17000.00
        102  17000.00
        145  14000.00
        146  13500.00
        201  13000.00
        205  12000.00
        108  12000.00
        147  12000.00
        168  11500.00
        148  11000.00
        174  11000.00
        114  11000.00
        162  10500.00
        149  10500.00
        169  10000.00
        156  10000.00
        150  10000.00
        204  10000.00
        170   9600.00
```

图 5-19　例 5-16 查询结果

【例 5-17】　查询员工信息，按员工所在部门号升序、工资降序排序，如图 5-20 所示。

```
SQL> select * from hr.employees
     order by department_id,salary desc;
```

```
SQL> select * from hr.employees
  2     order by department_id,salary desc;
EMPLOYEE_ID FIRST_NAME      LAST_NAME         EMAIL             PHONE_NUMBER     HIRE_DATE
----------- --------------- ----------------- ----------------- ---------------- ----------
        200 Jennifer        Whalen            JWHALEN           515.123.4444     1987/9/17
        201 Michael         Hartstein         MHARTSTE          515.123.5555     1996/2/17
        202 Pat             Fay               PFAY              603.123.6666     1997/8/17
        114 Den             Raphaely          DRAPHEAL          515.127.4561     1994/12/7
        115 Alexander       Khoo              AKHOO             515.127.4562     1995/5/18
        116 Shelli          Baida             SBAIDA            515.127.4563     1997/12/24
        117 Sigal           Tobias            STOBIAS           515.127.4564     1997/7/24
        118 Guy             Himuro            GHIMURO           515.127.4565     1998/11/15
        119 Karen           Colmenares        KCOLMENA          515.127.4566     1999/8/10
        203 Susan           Mavris            SMAVRIS           515.123.7777     1994/6/7
        121 Adam            Fripp             AFRIPP            650.123.2234     1997/4/10
        120 Matthew         Weiss             MWEISS            650.123.1234     1996/7/18
        122 Payam           Kaufling          PKAUFLIN          650.123.3234     1995/5/1
        123 Shanta          Vollman           SVOLLMAN          650.123.4234     1997/10/10
        124 Kevin           Mourgos           KMOURGOS          650.123.5234     1999/11/16
        184 Nandita         Sarchand          NSARCHAN          650.509.1876     1996/1/27
        185 Alexis          Bull              ABULL             650.509.2876     1997/2/20
        192 Sarah           Bell              SBELL             650.501.1876     1996/2/4
        193 Britney         Everett           BEVERETT          650.501.2876     1997/3/3
        188 Kelly           Chung             KCHUNG            650.505.1876     1997/6/14
```

图 5-20　例 5-17 查询结果

【例 5-18】　查询员工号、员工年工资信息，并按员工年工资排序（根据年工资表达式排序），如图 5-21 所示。

```
SQL> select employee_id,salary * 12
     from hr.employees
     order by salary * 12;
```

```
SQL> select employee_id,salary*12
  2     from hr.employees
  3     order by salary*12;

EMPLOYEE_ID  SALARY*12
-----------  ---------
        132      25200
        136      26400
        128      26400
        127      28800
        135      28800
        191      30000
        119      30000
        140      30000
        144      30000
        182      30000
        131      30000
        198      31200
        199      31200
        118      31200
        143      31200
```

图 5-21　例 5-18 查询结果

【例 5-19】 查询员工的员工号、年工资,并按年工资升序排序,如图 5-22 所示。

```
SQL> select employee_id, salary * 12 year_salary
    from hr.employees
    order by year_salary;
```

```
SQL> select employee_id,salary*12 year_salary
  2    from hr.employees
  3    order by year_salary;

EMPLOYEE_ID YEAR_SALARY
----------- -----------
        132       25200
        136       26400
        128       26400
        127       28800
        135       28800
        191       30000
        119       30000
        140       30000
        144       30000
        182       30000
        131       30000
        198       31200
        199       31200
        118       31200
        143       31200
        139       32400
        126       32400
        195       33600
```

图 5-22　例 5-19 查询结果

【例 5-20】 查询员工的员工号、年工资,并按工资升序排序,如图 5-23 所示。

```
SQL> select employee_id, salary * 12 year_salary
    from hr.employees
    order by 2;
```

```
SQL> select employee_id,salary*12 year_salary
  2    from hr.employees
  3    order by 2;

EMPLOYEE_ID YEAR_SALARY
----------- -----------
        132       25200
        136       26400
        128       26400
        127       28800
        135       28800
        191       30000
        119       30000
        140       30000
        144       30000
        182       30000
        131       30000
        198       31200
        199       31200
        118       31200
        143       31200
        139       32400
        126       32400
        195       33600
```

图 5-23　例 5-20 查询结果

【例5-21】 统计50号部门员工的人数、平均工资、最高工资、最低工资,如图5-24所示。

```
SQL> select count(*),avg(salary),max(salary),min(salary)
     from hr.employees
where  department_id=50;
```

```
SQL> select count(*),avg(salary),max(salary),min(salary)
  2      from hr.employees
  3  where  department_id=50;

  COUNT(*) AVG(SALARY) MAX(SALARY) MIN(SALARY)
---------- ----------- ----------- -----------
        45  3475.555555        8200        2100
```

图 5-24　例 5-21 查询结果

【例5-22】 统计所有员工的平均工资和工资总额,如图5-25所示。

```
SQL> select avg(salary),sum(salary)
     from hr.employees;
```

```
SQL> select avg(salary),sum(salary)
  2      from hr.employees;

AVG(SALARY) SUM(SALARY)
----------- -----------
 6461.682242      691400
```

图 5-25　例 5-22 查询结果

【例5-23】 统计有员工的部门的个数,如图5-26所示。

```
SQL> select count(distinct department_id)
     from hr.employees;
```

```
SQL> select count(distinct department_id)
  2      from hr.employees;

COUNT(DISTINCTDEPARTMENT_ID)
----------------------------
                          11
```

图 5-26　例 5-23 查询结果

【例5-24】 统计员工工资的方差和标准差,如图5-27所示。

```
SQL> select variance(salary),stddev(salary)
     from hr.employees;
```

```
SQL> select variance(salary),stddev(salary)
  2      from hr.employees;

VARIANCE(SALARY) STDDEV(SALARY)
---------------- --------------
   15283140.5395874    3909.365746459
```

图 5-27　例 5-24 查询结果

【例 5-25】 查询各个部门的部门号、员工人数和平均工资,如图 5-28 所示。

```
SQL> select department_id, count(*),avg(salary)
   from hr.employees
 group by department_id order by department_id;
```

```
SQL> select department_id, count(*),avg(salary)
  2    from hr.employees
  3    group by department_id order by department_id;

DEPARTMENT_ID   COUNT(*)   AVG(SALARY)
-------------   --------   -----------
           10          1          4400
           20          2          9500
           30          6          4150
           40          1          6500
           50         45    3475.555555
           60          5          5760
           70          1         10000
           80         34    8955.882352
           90          3    19333.33333
          100          6          8600
          110          2         10150
                       1          7000
```

图 5-28　例 5-28 查询结果

【例 5-26】 查询各个部门中不同职位的员工人数和平均工资,如图 5-29 所示。

```
SQL> select department_id,job_id,count(*),avg(salary)
   from hr.employees
 group by department_id,job_id;
```

```
SQL>
SQL> select department_id, job_id, count(*), avg(salary)
  2    from hr.employees
  3    group by department_id, job_id;

DEPARTMENT_ID  JOB_ID        COUNT(*)   AVG(SALARY)
-------------  ----------    --------   -----------
          110  AC_ACCOUNT           1          8300
           90  AD_VP                2         17000
           50  ST_CLERK            20          2785
           80  SA_REP              29    8396.551724
          110  AC_MGR               1         12000
           50  ST_MAN               5          7280
           80  SA_MAN               5         12200
           50  SH_CLERK            20          3215
           20  MK_MAN               1         13000
           90  AD_PRES              1         24000
           60  IT_PROG              5          5760
          100  FI_MGR               1         12000
           30  PU_CLERK             5          2780
          100  FI_ACCOUNT           5          7920
           70  PR_REP               1         10000
```

图 5-29　例 5-26 查询结果

【例5-27】 查询部门平均工资高于8 000元的部门号、部门人数和部门平均工资,如图5-30所示。

```
SQL> select department_id,count(*),avg(salary)
    from hr.employees
group by department_id having avg(salary)> 8000;
```

```
SQL> select department_id,count(*),avg(salary)
  2    from hr.employees
  3  group by department_id having avg(salary)>8000;

DEPARTMENT_ID   COUNT(*)  AVG(SALARY)
-------------  ---------  -----------
          100          6         8600
           20          2         9500
           70          1        10000
           90          3     19333.33333
          110          2        10150
           80         34     8955.882352
```

图5-30 例5-27查询结果

【例5-28】 统计10号部门中各个职位的员工人数和平均工资,并返回平均工资高于1 000元的职位人数和平均工资。

```
SQL> select job_id,count(*),avg(salary)
    from hr.employees
group by job_id having avg(salary)>1000;
```

思考:此例如果需要第二列和第三列的别名,该如何处理?

5.2 PL/SQL 基本块结构

5.2.1 PL/SQL 简介

PL/SQL(procedural language/SQL)是 Oracle 对标准数据库语言 SQL 的过程化扩充,它是将数据库技术和过程化程序设计语言联系起来的一种应用开发语言,类似于中间件的一种对数据库进行精准化处理的数据库语言,方便分布式应用系统的开发(PL/SQL 引擎集成在一些开发和部署工具中)。

PL/SQL 的优点有:

(1) 集成在数据库中,调用更快,减少了网络的交互,有助于提高程序性能。

通过多条 SQL 语句实现功能时,每条语句都需要在客户端和服务端之间传递,而且每条语句的执行结果也需要在网络中进行交互,占用了大量的网络带宽,消耗了大量网络传递的时间。使用 PL/SQL 程序是因为程序代码存储在数据库中,程序的分析和执行完全在数据库内部进行,用户所需要做的就是在客户端发出调用 PL/SQL 的执行命令,数据库接收到执行命令后,在数据库内部完成整个 PL/SQL 程序的执行,并将最终的执行结果反馈给用户。在整个过程中网络里只传输了很少的数据,减少了网络传输占用的时间,所以整体程序的执行性能会有明显的提高。

(2) 采用过程性语言控制程序的结构,能够使一组 SQL 语句的功能更具模块化程序特点。

(3) 具有较好的可移植性,可以移植到另一个 Oracle 数据库中,对异构数据库数据兼容度高。

(4) 能够满足用户的各种精准化需求。

PL/SQL 直接对接数据库数据,通过对游标的循环处理可以实现遍历一次数据库数据(通常为大数据),即可以根据用户的不同需求处理所有的数据库记录,类似 YOLO(you only look once)算法,只遍历一次,满足不同需求,如可以通过遍历游标给不同的职工追加不同的工资等,另外存储过程、包、触发器等的设计大大增强了系统的安全性、实用性和方便性。

5.2.2　PL/SQL 语言块结构

1. PL/SQL 块组成

PL/SQL 块由 3 部分组成:声明(declare)、可执行部分(begin)、异常处理部分(exception)。

(1) 声明部分:声明部分以关键字 declare 开始,以 begin 结束。主要用于声明变量、常量、数据类型、游标、异常处理名称以及本地(局部)子程序定义等。

(2) 可执行部分:以关键字 begin 开始,以 exception 或 end 结束,该部分通过变量赋值、流程控制、数据查询、数据操纵、事务控制、游标处理等实现块的功能。

(3) 异常处理部分:异常处理部分以关键字 exception 开始,该部分用于处理该块在执行过程中产生的异常。

注意:

- PL/SQL 块中的每一条语句都必须以分号结束,SQL 语句可以分多行,但分号表示该语句的结束。一行中可以有多条 SQL 语句,它们之间以分号分隔。
- 执行部分是必需的,而声明部分和异常部分是可选的;可以在一个块的执行部分或异常处理部分嵌套其他的 PL/SQL 块。
- 每一个 PL/SQL 块都从 begin 或 declare 开始,以 end 结束。注释由/ * 注释文本 * /或"――注释文本"形式表示。
- PL/SQL 块不能在屏幕上显示 select 语句的输出,数据定义语言不能在执行部分中使用。

2. PL/SQL 块的分类和执行

(1) 块的分类

① 匿名块:PL/SQL 程序块可以是一个命名的程序块,也可以是一个匿名的程序块,匿名程序块可以用在服务器端,也可以用在客户端。

② 命名块：函数(function)、存储过程(procedure)、包(package)、触发器(trigger)等。
(2) 块的执行

SQL*PLUS 中匿名 PL/SQL 块的执行是通过在 PL/SQL 块后输入"/"来运行的。命名程序与匿名程序的执行不同，执行命名的程序块可使用 execute 关键字，也可以编写 PL/SQL 主调程序调用运行，还可以通过其他语言调用运行。

5.2.3 PL/SQL 块结构实战

【例 5-29】 PL/SQL 块结构。

```
SQL> declare
   v_1 varchar2(100); -- 注意先变量名，后变量类型
begin
   v_1: = 'hello';
   dbms_output.put_line(v_1||' '||'PL/SQL');
exception
   when others then
   dbms_output.put_line('error');
end;
```

【例 5-30】 常用的两个异常函数 sqlcode 和 sqlerrm。

```
SQL> declare
   v_1 varchar2(100); --
begin
   v_1: = 'hello';
   dbms_output.put_line(v_1||' '||'PL/SQL');
exception
   when others then
      dbms_output.put_line(sqlcode||' '||sqlerrm);
      -- 注意异常处理函数 sqlcode 和 sqlerrm，无参数函数，不可带小括号()
end;
```

5.2.4 PL/SQL 程序初探举例

【例 5-31】 模拟 merge 合并举例。

```
SQL> declare
```

```
            v_xm varchar2(8):= 'Jame';
            v_zym varchar2(10):= '计算机';
            v_zxf number(2):= 50;     /*定义变量类型*/
     begin
                update xs set zxf= v_zxf
                    where xm= v_xm;
                if sql% notfound then
                    dbms_output.put_line('没有该人,需要插入该人');
                    insert into xs(xh,xm,zym,zxf)
values('007',v_xm,v_zym,v_zxf);
                end if;
     end;      /*注意区分字段变量和普通变量*/
```

【思考】 请说明该例子的具体含义。结合第二篇 merge 的应用分析该程序的含义,完善 merge"有则更新,无则插入"的原则。

5.3　PL/SQL 运算符和赋值语句

Oracle 提供了三类运算符:算术运算符、关系运算符和逻辑运算符。

5.3.1　运算符

PL/SQL 常用符号和含义见表 5-1。

表 5-1　PL/SQL 常用符号和含义表

符号	意义	样例
()	列表分隔	('Jones', 'Rose', 'Owen')
;	语句结束	Procedure_name(arg1, arg2);
.	项分离(在例子中分离 account 与 table_name)	Select * from account.table_name
'	字符串界定符	If var1='a+1...'
:=	赋值	a:= a+ 1
||	并置	Full_name:='Narth'||''||'Yebba'
--	注释符	-- this is a comment
/* 与 */	注释定界符	/* this is a comment too */

5.3.2 PL/SQL 的常量和变量

1. 常量

声明常量时需要使用 constant 关键字,并且必须在声明时就为该常量赋值,在程序其他部分不能改变该常量的值。

声明格式:常量名称 constant　常量类型:＝值;

【例 5-32】 PL/SQL 常量示例。

```
SQL>declare
    v1 constant  varchar2(4):='示例';
    v2 constant  varchar2(10):='常量';
begin
    dbms_output.put_line(v2||' '||v1);
end;
```

2. 变量声明

数据在数据库与 PL/SQL 程序之间是通过变量进行传递的。变量通常是在 PL/SQL 块的声明部分定义的。

变量名必须是一个合法的标识符,变量命名规则如下:

(1) 变量名必须以字母(A~Z)开头。

(2) 其后跟可选的一个或多个字母、数字(0~9)或特殊字符($、#或_)。

(3) 变量长度不超过 30 个字符。

(4) 变量名中不能有空格。

使用变量前,首先要声明变量。变量定义的基本格式为:

< 变量名> < 数据类型> [(宽度):= <初始值>];

例如:定义一个长度为 10 byte 的变量 count,其初始值为 1,是 varchar2 类型。

```
SQL> count varchar2(10) :='hello PL/SQL';
```

3. 三种变量

- 标量变量(普通变量):如 declare 中声明的变量。
- 字段变量:应用到 select 语句的表中列的名字。
- 临时变量:带 & 符号的变量。

5.3.3 变量赋值之 select into

1. 常用赋值方式

select 字段变量列表　into　标量变量列表　from　表名　where　子句;

注意：执行"select * from 表名"语句可能有三种运行结果：无值（产生 no_data_found 异常）、多值（too_many_rows 异常）、唯一值（此时可完成正常从数据库中取出值赋给普通变量）。

对常规能正常运行的 select into 赋值语句，必须有 where 子句，从而使得通过 where 子句选出的记录有且仅有一条。注意有多大肚量吃多少饭，into 子句前后的变量能接收的内容粒度需要对等。

【例 5-33】 使用 PL/SQL 语言，统计 xs 表中同学的个数并显示出来。

```
SQL> declare
       v_1   number;
begin
   select count(*) into v_1 from xs;
   dbms_output.put_line(v_1);
exception
   when others then
    dbms_output.put_line('出现异常了');
end;
```

2. 赋值语句准备工作

一个 select 语句可能出现三种结果，如下：

```
1) SQL > select ename,job from scott.emp  where empno='7521';
ename       job
---------   ---------
ward        salesman
2) SQL > select ename,job from scott.emp  where empno='75211';

ename       job
---------   ---------
3) SQL > select ename,job from scott.emp;
ename       job
---------   ---------
SMITH       CLERK
ALLEN       SALESMAN
WARD        SALESMAN
JONES       MANAGER
MARTIN      SALESMAN
```

注意：相应的 PL/SQL 赋值语句也会出现三种结果，其中只有一种是正常态，另外两种会触发异常，异常的解决会在后续的游标和异常处理章节中进行讲解。

3. select into 赋值语句实战

【例 5-34】　赋值语句会出现哪几种情况，如图 5-31、图 5-32 所示。

```
SQL> select job_id,count(*),avg(salary) from hr.employees group by job_id having avg(salary)>1000;

JOB_ID       COUNT(*)  AVG(SALARY)
----------- ---------- -----------
AC_MGR              1       12000
AC_ACCOUNT          1        8300
IT_PROG             5        5760
ST_MAN              5        7280
AD_ASST             1        4400
PU_MAN              1       11000
SH_CLERK           20        3215
AD_VP               2       17000
FI_ACCOUNT          5        7920
MK_MAN              1       13000
PR_REP              1       10000
FI_MGR              1       12000
PU_CLERK            5        2780
SA_MAN              5       12200
MK_REP              1        6000
AD_PRES             1       24000
SA_REP             30        8350
HR_REP              1        6500
```

图 5-31　赋值语句查询结果

```
SQL> declare
  2      v_ename    VARCHAR2(10);
  3      v_job      VARCHAR2(9);
  4  begin
  5      select ename,job into  v_ename,v_job from scott.emp;
  6       dbms_output.put_line(v_ename||' '||v_job);
  7  exception
  8       when  others then
  9         dbms_output.put_line(sqlcode||' '||sqlerrm);
 10  end;
 11  /

-1422 ORA-01422: 实际返回的行数超出请求的行数

PL/SQL procedure successfully completed

SQL>
```

图 5-32　返回多条记录从而引发异常

5.3.4　变量赋值之 returning into

returning into 的三种情况：insert/update/delete ... returning into 变量集。

【例 5-35】　update returning into 举例，运行结果如图 5-33 所示。

```
   SQL> declare
   row_id Rowid;
   info varchar2(20);
begin
```

```
    update scott.dept set loc='China' where dname='ACCOUNTING'
returning rowid,dname||':'||to_char(deptno)||':'||loc
    into row_id,info;
    dbms_output.put_line('rowid:'||row_id);
    dbms_output.put_line(info);
    exception
    when others then
      dbms_output.put_line(sqlcode||' '||sqlerrm);
    end;
```

```
SQL> declare
  2  row_id rowid;
  3  info varchar2(20);
  4  begin
  5    update scott.dept set loc='china' where dname='ACCOUNTING' returning rowid,dname||':'||to_char(deptno)||':'||loc
  6    into row_id,info;
  7    dbms_output.put_line('rowid:'||row_id);
  8    dbms_output.put_line(info);
  9    exception
 10    when others then
 11      dbms_output.put_line(sqlcode||' '||sqlerrm);
 12    end;
 13  /
rowid:AAAMgxAAEAAAAAQAAA
ACCOUNTING:10:china

PL/SQL procedure successfully completed
```

图 5-33 update returning into 示例

分析：整个 update scott.dept set loc='China' where dname='ACCOUNTING' returning rowid,dname||':'||to_char(deptno)||':'||loc into row_id,info;是一条 SQL 语句，即只有结束时一个分号，不可出现第二个分号。该语句是在普通的 update scott.dept set loc='China' where dname='ACCOUNTING'更新语句基础上，同时返回刚更新记录字段值的字符串串接值 dname||':'||to_char(deptno)||':'||loc 到标量变量 info 中，并返回当前记录隐藏的行号 rowid 到标量变量 row_id 中（rowid 是关键字，row_id 是普通标量变量）。同理在原先的 insert 或 delete 基础上也可以追加 returning 字段变量 into 标量变量子句，目的是在 insert 或 delete 的同时，返回添加或删除的具体内容。

【例 5-36】 insert returning into 应用举例，运行结果如图 5-34 所示。

```
SQL> declare
row_id rowid;
info varchar2(10);
begin
  insert into scott.dept values(50,'ll','ch') returning rowid,dname||';'||to_char(deptno)||';'||loc
    into  row_id,info;
```

```
    dbms_output.put_line('rowid:'||row_id);
    dBMs_output.put_line(info);
  exception
  when others then
    dbms_output.put_line(sqlcode||' '||sqlerrm);
  end;
```

```
SQL> declare
  2    row_id rowid;
  3    info varchar2(10);
  4  begin
  5    insert into scott.dept values(50,'11','ch') returning rowid, dname||';'||to_char(deptno)||';'||loc
  6    into  row_id,info;
  7    dbms_output.put_line('rowid:'||row_id);
  8    dbms_output.put_line(info);
  9  exception
 10  when others then
 11    dbms_output.put_line(sqlcode||' '||sqlerrm);
 12  end;
 13  /
rowid:AAAMgxAAEAAAAAQAAF
11;50;ch

PL/SQL procedure successfully completed

SQL>
```

图 5-34　insert returning into 示例运行结果

【例 5-37】 delete returning into 应用举例，运行结果如图 5-35 所示。

```
SQL> declare
  2    row_id rowid;
  3    info varchar2(10);
  4  begin
  5    delete from scott.dept where deptno=50 returning rowid, dname||';'||to_char(deptno)||';'||loc into row_id,info;
  6    dbms_output.put_line('rowid:'||row_id);
  7    dbms_output.put_line(info);
  8  exception
  9  when others then
 10    dbms_output.put_line(sqlcode||' '||sqlerrm);
 11  end;
 12  /
rowid:AAAMgxAAEAAAAAQAAF
11;50;ch

PL/SQL procedure successfully completed
```

图 5-35　delete returning into 示例运行结果

5.3.5　临时变量应用举例

【例 5-38】 临时变量，即运行程序时既没有从数据库中取值，又没有直接赋值，而是需要在运行过程中赋值的变量，该变量的生命周期可以是一次性的(&)，也可以是整个会话(&& 和 & 结合)，具体如图 5-36 和图 5-37 所示。

```
    SQL> declare
row_id rowid;
info varchar2(100);
    begin
        insert into scott.dept values(&a,'ll','ch') returning rowid,
dname||';'||to_char(deptno)||';'||loc
        into  row_id,info;
        dbms_output.put_line('rowid:'||row_id);
        dbms_output.put_line(info);
        exception
        when others then
            dbms_output.put_line(sqlcode||' '||sqlerrm);
        end;
```

```
SQL> declare
  2  row_id rowid;
  3  info varchar2(100);
  4  begin
  5    insert into scott.dept values(&a,'ll','ch') returning rowid, dname||';'||to_char(deptno)||';'||loc
  6    into  row_id,info;
  7    dbms_output.put_line('rowid:'||row_id);
  8    dbms_output.put_line(info);
  9    exception
 10    when others then
 11      dbms_output.put_line(sqlcode||' '||sqlerrm);
 12    end;
 13  /
```

图 5-36 运行过程中给变量赋值(1)

```
SQL> declare
  2  row_id rowid;
  3  info varchar2(100);
  4  begin
  5    insert into scott.dept values(&a,'ll','ch') returning rowid, dname||';'||to_char(deptno)||';'||loc
  6    into  row_id,info;
  7    dbms_output.put_line('rowid:'||row_id);
  8    dbms_output.put_line(info);
  9    exception
 10    when others then
 11      dbms_output.put_line(sqlcode||' '||sqlerrm);
 12    end;
 13  /
rowid:AAAMgxAAEAAAAAQAAG
11;60;ch

PL/SQL procedure successfully completed

SQL>
```

图 5-37 运行结果(1)

一次输入变量后,以后此变量的值就为此次输入的结果,如图 5-38 和图 5-39 所示。

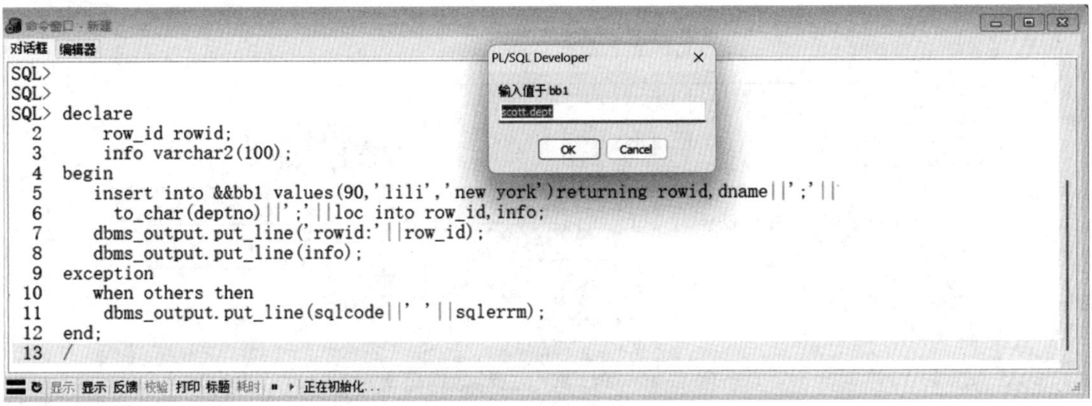
对话框 编辑器
PL/SQL Developer
输入值于 bb1
scott.dept
OK
Cancel
SQL>
SQL>
SQL> declare
2 row_id rowid;
3 info varchar2(100);
4 begin
5 insert into &&bb1 values(90,'lili','new york')returning rowid,dname||';'||
6 to_char(deptno)||';'||loc into row_id,info;
7 dbms_output.put_line('rowid:'||row_id);
8 dbms_output.put_line(info);
9 exception
10 when others then
11 dbms_output.put_line(sqlcode||' '||sqlerrm);
12 end;
13 /
显示 显示 反馈 校验 打印 标题 耗时
正在初始化...

图 5-38　运行过程中给变量赋值(2)

```
SQL> select * from &&b1;

DEPTNO DNAME          LOC
------ -------------- -------------
    50 ll             ch
    60 ll             ch
    70 sam            ch
    80 sam            ch
    90 lili           new york
    10 ACCOUNTING     China
    20 RESEARCH       DALLAS
    30 SALES          CHICAGO
    40 OPERATIONS     BOSTON

9 rows selected
```

图 5-39　运行结果(2)

5.4　PL/SQL 数据类型

5.4.1　常用数据类型

1. PL/SQL 支持的内置数据类型，如图 5-40 所示。

- 数字类型：number、long、binary_number 等。
- 字符类型：varchar2、char、nchar、nvarchar 等。
- 日期/区间类型：date、timestamp 等。
- 行标识类型：rowid 等。

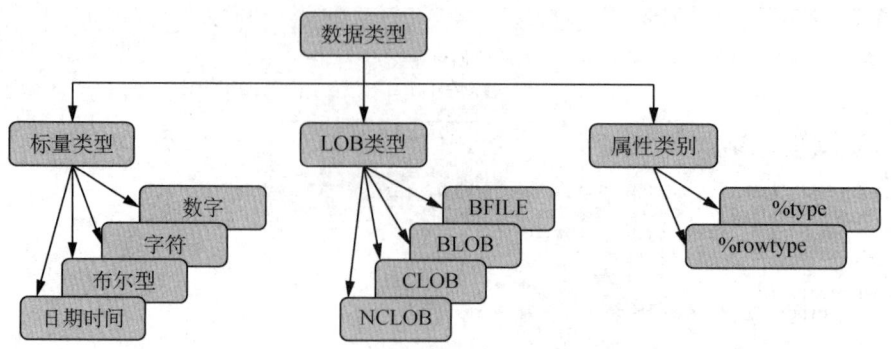

图 5-40　PL/SQL 三种数据语言

- 布尔类型：boolean(true、false、null)等。
- LOB 类型：CLOB、BLOB、NCLOB、BFILE 等。
- 记录类型：record 等。
- 集合类型：table、varray 等。
- 复合数据类型：%type、%rowtype。

5.4.2　%type 类型

声明一个变量，使它的类型与某个变量或数据库基本表中某个列的数据类型一致，可以使用%type 复合数据类型。

语法：

变量名　表名.列名%type;

示例：

```
SQL>declare
  v_empno  scott.emp.empno%type;
```

使用%type 声明具有以下两个优点：

(1) 不必知道 empno 列确切的数据类型；

(2) 如果改变了 empno 列的数据库定义，v_empno 的数据类型在运行时会自动进行修改。

【例 5-39】　显示职工号为 7900 的职工的姓名、职位及工资。

```
SQL>declare
  emp_number  constant number(4):=7900;
  emp_name  scott.emp.ename%type;
```

```
    emp_job    scott.emp.job%type;
    emp_sal    scott.emp.sal%type;
begin
    select ename,job,sal into emp_name,emp_job,emp_sal
        from scott.emp where empno=emp_number;
    dbms_output.put_line('查询的员工号'||emp_number);
    dbms_output.put_line('该员工的姓名为'||emp_name);
    dbms_output.put_line('该员工的职位为'||emp_job);
    dbms_output.put_line('该员工的工资为'||emp_sal);
end;
```

5.4.3 %rowtype 类型

%rowtype 可以使变量获得整个记录的数据类型,定义时不必关注该记录具体有几个字段。

语法:

变量名 表名%rowtype;

注意:%rowtype 前必须为表名,如 Oracle 安装后自带的 soctt 用户中的测试用雇员表 emp,声明时必须用 scott.emp%rowtype,有了表就会有表中的多个字段名(通常为二维表的表头),但经过赋值后的%rowtype 类型变量,在使用或输出时必须通过点记法精确到具体字段名。

【例 5-40】 显示职工号为 7900 的职工的姓名、职位及工资。

```
SQL>
declare
    emp_number   constant scott.emp.empno%type:=7900;
    one_emp    scott.emp%rowtype;
    begin
        select * into one_emp
            from scott.emp where empno=emp_number;
dbms_output.put_line('查询的员工号为'||emp_number);
dbms_output.put_line('该员工的姓名为'||one_emp.ename);
dbms_output.put_line('该员工的职位为'||one_emp.job);
dbms_output.put_line('该员工的工资为'||one_emp.sal);
end;
```

注意:对于%rowtype 类型声明的变量,由于其类型结构和表记录的类型结构完全一致,因此赋值时通常采用 selete * from ... where ... 的形式声明,在具体输出时不可以直接输出,而是使用点记法输出,如 one_emp.ename,点记法中小点之前是标量变量,小点之后是该%rowtype 类型包含的字段变量。%rowtype 巧妙地将标量变量和字段变量(来源于数据库)结合在一起,从而避开复杂的记录类型的声明,迅速读取数据库中的信息,并输出,进行精准化处理。

5.4.4 %type 和 %rowtype 的区别

使用%type 可以使变量获得字段的数据类型,使用%rowtype 可以使变量获得整个记录的数据类型。前者声明变量时精确到列名称,后者声明变量时精确到表名称,请结合之前的理解,说明为什么。

比较两者定义的不同:

变量名 数据表.列名%type;

变量名 数据表%rowtype;

如:

```
SQL> declare
    v_empno scott.emp.empno%type;
    v_1 scott.emp%type;
```

5.4.5 record 类型举例

【例 5-41】 record 类型举例,运行结果如图 5-41 所示。

```
SQL> declare
  type t_emp is record(empno number(4),fname char(10),sal number(8,2));
  v_emp t_emp;
  begin
  select employee_id, first_name,salary into v_emp from hr.employees
  where employee_id=206;
    dbms_output.put_line(v_emp.fname||' '||v_emp.sal);
      exception
    when others then
    dbms_output.put_line(sqlcode||' '||sqlerrm);
  end;
```

```
SQL> declare
  2    type t_emp is record(empno number(4),fname char(10),sal number(8,2));
  3    v_emp t_emp;
  4  begin
  5    select employee_id ,first_name,salary into v_emp from hr.employees
  6    where employee_id=206;
  7      dbms_output.put_line(v_emp.fname||' '||v_emp.sal);
  8  exception
  9      when others then
 10      dbms_output.put_line(sqlcode||' '||sqlerrm);
 11  end;
 12  /
William     8300
PL/SQL procedure successfully completed
SQL>
```

图 5-41 record 类型实例的运行结果

分析:通常情况下,若仅仅涉及一个表,则%type 和%rowtype 完全可以四两拨千斤,快速定义和使用,大大减少了代码量;若涉及多个表或者仅有一个表但习惯采用 record 类型,则可以通过定义 record 类型完成。

5.4.6 对应实战注意要点

- 块结构和异常处理函数。
- select into 赋值的三种情况(注意有两种情况会产生异常处理)。
- select into 扩展(PL/SQL 求 scott.emp 的总人数)。
- 举例说明%type 和%rowtype 的应用及不同点。
- 模拟 merge 的应用(存在该同学,则给该同学做更新操作,不存在该同学,则做添加该同学操作),merge 功能强大,一个普通的 merge 相当于 C 或 Java 几页的代码量,是数据库管理员 DBA 的必备技能之一。
- returning into(insert 或 update 或 delete)时,完成任务,并返回操作的具体字段值。
- record 类型的应用。
- 临时变量、标量变量和字段变量的应用。

5.5 分支结构

PL/SQL 的分支结构以 if 语句(注意 elsif 的拼写)和 case 语句为主,主要有以下几类:

- if-then-endif 结构;
- if-then-else-endif 结构;
- if-then-elsif 结构;

- if-then-elsif-then-else 结构；
- case 结构。

if 多分支语法格式：

```
if   条件 1   then
    语句组 1;
elsif 条件 2 then
    语句组 2;
else
    语句组 3;
end  if;
```

注意：一般语言中多分支可以不带最后的 else 子句，但在数据库中，特别是表遍历中多分支语句必须带 else 子句，防止根据条件遍历表时，遇到不在任何条件中的记录，此时本该一次性遍历该表的所有记录，比如三万条记录，若不带 else 可能遍历到中间就会被迫停止。

5.5.1　if-then-endif 结构

【例 5-42】　要求：向学生表中添加记录，值为：'007','Jame','计算机',45，并说明是否成功。

```
SQL> declare
    v_xm varchar2(8):='Jame';
    v_zym varchar2(10):='计算机';
    v_zxf number(2):= 45; /*定义变量类型*/
  begin
    insert into xs(xh,xm,zym,zxf)
    values('007',v_xm,v_zym,v_zxf);
    if sql%found then
      dbms_output.put_line('操作成功');
    else
      dbms_output.put_line('没有插入该人');
    end if;
  end;
```

说明：SQL%found 为隐式游标的属性应用，代表此语句之上最近的一条 SQL 语句，SQL 语句包括 select 或 DML（insert、update、delete），%found 为游标的属性。该例子中 SQL%found 等价于 SQL%found=true，即表示 insert 语句添加记录成功。PL/SQL 除字符串外,语言不区分大小写,可以按照个人习惯决定大小写。

5.5.2 if-then-else-endif 结构

【例5-43】 要求:针对 scott.emp 表,计算 7788 号雇员的应交会费情况,薪金≥5 000,应缴会费为薪金的 0.03,薪金在 1 500 到 5 000 之间,应缴会费为薪金的 0.02,其他应缴会费为薪金的 0.01。

```
SQL> declare
  v_sal   scott.emp.sal%type;
  v_tax   scott.emp.sal%type;
begin
  select sal into v_sal  from  scott.emp  where empno=7788;
  if  v_sal> =5000 then
      v_tax:=v_sal * 0.03;
    elsif  v_sal> =1500 then
      v_tax:=v_sal * 0.02;
    else
      v_tax:=v_sal * 0.01;
    end if;
    dbms_output.put_line('应缴会费:'||v_tax);
end;
```

【例5-44】 要求:设计一个 scott.emp 表,若输入一个员工号,可修改该员工的工资,如果该员工的部门为 10 号部门(deptno),则要求工资增加 100;若为 20 号部门,要求工资增加 150;若为 30 号部门,工资增加 200;否则工资增加 300。

分析:首先搭好程序块的框架(declare begin   exception   end;),然后,使用临时变量输入一个员工号,并根据该员工号通过 select 赋值语句找出该员工所在的部门号 v_deptno,注意该种类型的赋值方法,即通过读取数据库表中的数据赋值给标量变量,经常被使用,之后,根据部门号 v_deptno 做分支结构,获得不同部门的工资增量 v_zj,最后通过带 where 条件的 update 语句修改该员工的工资。具体如下:

```
SQL> declare
    v_deptno scott.emp.deptno%type;
    v_zj number(4);
    v_empno  scott.emp.empno%type;
begin
    v_empno:='7788';
```

```
        select deptno into v_deptno from scott.emp where empno=v_empno;
        if      v_deptno=10           then v_zj:=100;
        elsif v_deptno=20             then v_zj:=150;
        elsif v_deptno=30             then v_zj:=200;
        else    v_zj:=300;
    end if;
        update scott.emp set sal=sal+ v_zj  where empno='7788';
end;
```

注意：该例子的书写习惯是关键字大写，若不想区分可以全部小写。

【例 5-45】 巧用临时变量，解决例 5-44 的问题。

```
SQL> declare
    v_deptno  scott.emp.deptno%type;
    v_zl   scott.emp.sal%type;
begin
    select deptno into v_deptno  from  scott.emp  where empno=&&a;
    if v_deptno=10 then
       v_zl:=100;
        elsif   v_deptno=20 then
          v_zl:=150;
            elsif   v_deptno=30 then
            v_zl:=200;
        else
        v_zl:=300;
        end if;
            update scott.emp set sal=sal+v_zl   where empno=&a;
        end;
```

5.6　分支结构之 case 语句

case 语句主要有三种，分别为简单型 case、搜索型 case 和嵌入 select 语句的 case 结构。case 语句使用极其灵活，其中第三种嵌入 select 语句的 case 结构，通过将 case 分支嵌入 select 语句中，仅使用 select 语句就可以巧妙地实现根据每条记录字段的不同，进行不同的数据处理，遍历一次数据就可以根据每条记录的不同情况，做精准化处理，在大大缩短代码量的同时，提高了精准化处理的效率。但需要注意的是，嵌入的 case 结构必须带

else 字句,使得 case 结构可以囊括所有的可能性,从而在数据库中使用 select 语句处理记录时不会因分支情况考虑不全面而中断,并且由于其嫁接了 PL/SQL 语言中的 case 结果到普通的查询语句 select 中,因此使用时要注意细节,比如必须满足 select 的语法、嫁接的仅仅是 case 结构而非其他语句、不可以出现 dbms_output.put_line()等,下面具体介绍三种 case 结构。

5.6.1 简单型 case 语句

基本语法格式:

```
case    变量名
when    数值    then    处理语句1;
when    数值    then    处理语句2;
else    处理语句 n+1;
end case;
```

注意:其中";"号的正确使用,具体到游标中,需要注意为涵盖所有情况,else 语句不可以删除。

【例 5-46】 简单型 case 语句的应用。读以下程序,说明程序的意图。

```
SQL> declare
   v_deptno emp.deptno%type;
   v_increment number(4);
   v_empno  emp.empno%type;
begin
  v_empno:=&x;
select deptno INTO v_deptno from scott.emp where empno=v_empno;
   case v_deptno
     when 10 then v_increment:=100;
     when 20 then v_increment:=150;
     when 30 then v_increment:=200;
     else   v_increment:=300;
end case;
update emp set sal=sal+ v_increment where empno=v_empno;
end;
```

完善后的程序,在 update 语句之后追加如下语句:

```
    if SQL%found then
      dbms_output.put_line('更改成功');
      select sal into v_sal from scott.emp where empno='7788';
      dbms_output.put_line(v_sal);
    end  if;
```

【例 5-47】 关于成绩等级制和百分制的相互转换。

```
--- 简单 case 表达式
SQL> declare
   grade   varchar2(4):='良好';
begin
   case grade
     when '优秀' then dbms_output.put_line('大于等于 90');
     when '良好' then dbms_output.put_line('大于等于 80,小于 90');
     when '及格' then dbms_output.put_line('大于等于 60,小于 80');
     else dbms_output.put_line('不及格');
   end case;
end;
```

5.6.2 搜索型 case 语句

语法格式：

```
   case
       when    关系表达式 1   then    处理语句 1;
       when    关系表达式 2   then    处理语句 2;
       else    处理语句 n+1;
end case;
```

注意：其中";"号的正确使用,具体到游标中,需要注意为涵盖所有情况,else 语句不可以删除。

【例 5-48】 关于成绩等级制和百分制的相互转换。

```
--- 搜索 case 表达式
SQL> declare
   score   int:=91;
begin
```

```
   case
      when score>=90 then dbms_output.put_line('优秀');
      when score>=80 then dbms_output.put_line('良好');
      when score>=60 then dbms_output.put_line('及格');
      else dbms_output.put_line('不及格');
   end case;
end;
```

5.6.3 带 case 的 select 语句

5.6.3

与 if 语句不同,case 语句可以用在 select 语句中,用于在检索数据的同时对数据进行判断并返回判断结果。如例 5-49 所示,通过学生表 xs 前三列的信息,给出第四列获得学分的情况,即通过 case 语句显示每一位同学获得学分的情况。此类需求属于用户的常规需求,即通过已经存在的记录信息,根据不同的分类规则,判断出每条记录的具体情况,并将具体结果作为一列显示出来。该需求可以通过 PL/SQL 语言处理,但带嵌入式 case 的 select 语句更适合该类问题的解决(代码量少,可快速解决),这也是 case 语句嵌入 select 语句的用途之一。

```
xh        xm       zxf   获得学分情况
------    -----    ---   --------------
061101    王林      50    高
101112    李明      36    学分不够,需继续
007       Jame     45    中
95100     李娜           学分不够,需继续
121112    王小二    36    学分不够,需继续
061102    王林      50    高

6 rows selected
```

图 5-42 通过学生表 xs 前三列的信息,给出第四列获得学分情况

【例 5-49】 请对 xs 表做查询,要求查询学生的学号、姓名、总学分,及根据总学分的不同,输出每位同学目前获得学分的情况(总学分 zxf 大于 50,获得学分情况为"高",在 40 和 50 之间为"中",剩余为"学分不够,需继续")。

```
SQL> select  xh,xm,zxf,
    (case
        when zxf>50 then '高'
          when zxf>=40 then '中'
            else  '学分不够,需继续'
```

```
end) as
获得学分情况    from xs;
```

注意：
- 整个 case 语句没有标点符号，";"号代表整个 select 语句的结束。
- case 语句的结束用 end 而非 end case，是嵌入 case 结构的惯用形式。
- then 之后没有 dbms_output.put_line()，原因是此语句为 select 语句，非 PL/SQL 语言，不可以使用 PL/SQL 语言的包。
- as 之后无引号，这是 select 语句表明的要求。

补充例子：几个常用日期型函数的应用，日期型函数在 PL/SQL 语言中非常丰富，以下两个函数来抛砖引玉，请读者自查语法和其他常用函数。

```
SQL > select months_between(sysdate,to_date('20151001',
'yyyymmdd')) from dual;
months_between(sysdate,to_date)
-------------------------------
            1.04413045101553

SQL > select trunc(sysdate-to_date('20151001','yyyymmdd')) 天数
from dual;
    天数
----------
    32
```

【例 5-50】 检验借阅的图书是否过期，如图 5-43 所示。

```
SQL> select empno,ename,job,hiredate,
(case
    when trunc(sysdate-hiredate)>360   then '过期'
    when hiredate is null then '没借书'
     else   '没过期'
    end)
 as 是否过期 from scott.emp;
```

```
EMPNO ENAME      JOB        HIREDATE    是否过期
----- ---------- ---------- ----------- --------
  111 aaa                               没借书
    7 JAME       MANAGER                没借书
 7521 WARD       SALESMAN   1981-2-22   过期
 7566 JONES      MANAGER    1981-4-2    过期
 7654 MARTIN     SALESMAN   1981-9-28   过期
 7698 BLAKE      MANAGER    1981-5-1    过期
 7782 CLARK      MANAGER    1981-6-9    过期
 7788 SCOTT      ANALYST    1987-4-19   过期
 7839 KING       PRESIDENT  1981-11-17  过期
 7844 TURNER     SALESMAN   1981-9-8    过期
 7876 candy      CLERK      1987-5-23   过期

11 rows selected
```

图 5-43 直接应用 scott. emp 表中日期型列 hiredate 中的数据，模拟借书是否过期

5.7 循环结构

5.7.1 loop-exit-when-end 循环

语法格式：

```
loop
   语句组;
   exit when boolean_expression
end loop;
```

【例 5-51】 求 10 的阶乘。

```
SQL> declare
     s number:=1;
     n  number:=2;
begin
  loop
      s:=s * n;
      n:=n+1;
      exit when n>10;
  end loop;
  dbms_output.put_line(to_char(s));
end;
```

5.7.2 while-loop-end 循环

语法格式：

```
 while boolean_expression
loop
    run_expression
end loop;
```

【例 5-52】 用 while-loop-end 循环结构求 10 的阶乘。

```
SQL> declare
       s number:=1;
       n number:=2;
    begin
       while n< =10
          loop
             s:=s * n;
             n:=n+1;
       end loop;
    dbms_output.put_line(to_char(s));
end;
```

5.7.3 for-in-loop-end 循环

语法格式：

```
for count in count_1..count_n    /*定义跟踪循环的变量*/
loop
   /*执行循环体*/
end loop;
```

【例 5-53】 用 for-in-loop-end 循环结构求 10 的阶乘。

```
SQL> declare
      s number:=1;
      n number:=2;
begin
```

```
       for  n in 2..10
         loop
             s:=s * n;
       end loop;
         dbms_output.put_line(to_char(s));
end;
```

【例 5-54】 for 循环中的逆序。

```
SQL> declare
     s number:=1;
     n number:=2;
begin
  for n in reverse 1..10
      loop
         s:= s * n;
     end loop;
         dbms_output.put_line(to_char(s));
end;
```

【例 5-55】 水仙花数：输入整数 n，求小于 n 的水仙花数（$n<1\,000$）。所谓"水仙花数"是指一个三位正整数 ABC，其各位数字的立方和等于该数本身，即：

ABC=A^3+ B^3+ C^3

例如，370 是一个水仙花数，因为 $370=3^3+7^3+0^3$。
代码如下：

```
SQL> declare
       i int;a int;b int;c int;
begin
   for i in 100..999
     loop
        a:=trunc(i/100);
        b:=trunc(i/10) mod 10;
        c:=i mod 10;
        -- dbms_output.put_line(a||' '||b||' '||c);
        if (i=a*a*a+b*b*b+c*c*c) then
          dbms_output.put_line(i);
```

```
            end if;
        end loop;
end;
```

5.8 系统预定义异常和用户自定义异常

Oracle 错误处理机制：语句执行过程中，因为各种原因使得语句不能正常执行而造成更大错误或整个系统的崩溃，好的程序应该对可能发生的异常情况进行处理，异常处理代码在 exception 块中实现。当异常产生时抛出相应的异常，并被异常处理器捕获，程序控制权传递给异常处理器，由异常处理器来处理运行时的错误。

5.8.1 异常的捕获与处理

1. 异常处理器的基本形式

```
exception
   when 异常 1  or  异常 2       then    语句 1;
   when 异常 3                   then    语句 2;
      ……
   when others then    语句 n;
end;
```

注意：
- 一个异常处理器可以捕获多个异常，只需要在 when 子句中用 or 连接即可；
- 当数据库或 PL/SQL 在运行时发生错误，会有一个异常被 PL/SQL 自动抛出；
- 一个异常只能被一个异常处理器捕获，并进行处理。

2. 异常的类型
（1）用户自定义的异常。
（2）系统预定义的异常。

5.8.2 系统预定义异常

系统预定义的异常处理见表 5-2。

表 5-2 系统预定义的异常处理

异常	错误	何时出现
access_into_null	ORA-06530	试图访问未初始化对象的时候出现。
case_not_found	ORA-06592	如果定义了一个没有 else 子句的 case 语句,而且在没有 case 语句满足运行条件时会出现该异常。
collection_is_null	ORA-06531	当程序去访问一个没有进行初始化的 nested table 或者是 varray 的时候,会出现该异常。
cursor_already_open	ORA-06511	游标已经被 open,再次尝试打开该游标的时候,会出现该异常。
dup_val_on_index	ORA-00001	插入一列被唯一索引约束重复值的时候,就会引发该异常(该值被 index 认定为冲突的)。
invalid_cursor	ORA-01001	不允许的游标操作,比如关闭一个已经被关闭的游标,会引发该异常。
invalid_number	ORA-01722	给数字型赋非数字值的时候,该异常就会发生,这个异常也会发生在批读取时 limit 子句返回非正数的时候。
login_denied	ORA-01017	使用错误的用户名和密码登录的时候,会抛出这个异常。
no_data_found	ORA_06548	在使用 select into 结构,并且语句返回 null 值的时候;访问嵌套表中已经删除的表或者是访问 index by 表(联合数组)中的未初始化元素就会出现该异常。
not_logged_on	ORA-01012	当程序发出数据库调用,但是没有连接的时候(通常在实际与会话断开连接之后)。
program_error	ORA-06501	当 Oracle 还未正式捕获的错误发生时常会发生。
rowtype_mismatch	ORA-06504	如果游标结构不适合 PL/SQL 游标变量或者是实际的游标参数不同于游标形参的时候会发生该异常。
self_is_null	ORA-30625	调用一个对象类型非静态成员方法(其中没有初始化对象类型实例)的时候会发生该异常。
storage_error	ORA-06500	当内存不够分配 SGA 设置的配额或者是被破坏的时候,会引发该异常。
subscript_beyond_count	ORA-06533	当分配给 nested table 或者 varray 的空间小于使用的下标的时候,会发生该异常(类似于 Java 的 ArrayIndexQutOfBoundsException)。
subscript_outside_limit	ORA-06532	使用非法的索引值访问 nested table 或者 varray 的时候会引发该异常。

(续表)

异常	错误	何时出现
sys_invald_rowid	ORA-01410	将无效的字符串转化为 rowid 的时候会引发该异常。
too_many_rows	ORA-01422	使用 select into... 查询返回多个行时会引发该异常。如果子查询返回多行,而比较运算符为相等的时候也会引发该异常。
value_error	0RA-06502	将一个变量赋给另一个不能容纳该变量的变量时会引发该异常。
zero_divide	0RA-01476	将某个数字除以 0 的时候,会发生该异常。

【例 5-56】 一个异常处理的例子。

```
SQL> set serveroutput on;
declare
    x number;
begin
    x:='aa123';
exception
  when value_error then
    dbms_output.put_line('数据类型错误');
end;
```

【例 5-57】 与数据库有关的一段异常:查找"李明"同学的学号。

```
SQL> declare
    v_result xs.xm%type;
    begin
    select xh into v_result
        from xs
        where xm='李明';
dbms_output.put_line('The student number is '||v_result);
exception
      when too_many_rows then
        dbms_output.put_line('there has too_many_rows error');
      when no_data_found then
        dbms_output.put_line('there has no_data_found error');
      when others then
```

```
            dbms_output.put_line('错误情况不明');
end;
```

【例5-58】 查询名为 SMITH 的员工工资,如果该员工不存在,则输出"There is not such an employee!";如果存在多个同名的员工,则输出"There has too_many_rows error!"。

```
SQL> declare
v_sal scott.emp.sal%type;
begin
    select sal into v_sal from scott.emp where ename='SMITH';
    dbms_output.put_line(v_sal);
  exception
      when no_data_found then
            dbms_output.put_line('there is not such an employee!');
      when too_many_rows then
            dbms_output.put_line('there has too_many_rows error!');
end;
```

【例5-59】 others 异常可以借助两个函数来说明捕捉到的异常类型——SQLcode 和 SQLerrm。

```
SQL> declare
      v_result number;
    begin
      select xm into v_result  from xs  where xh='010010';
      dbms_output.put_line('The student name is'||v_result);
      exception
          when others then
              dbms_output.put_line('the sqlcode is'||sqlcode);
              dbms_output.put_line('the sqlerrm is'||sqlerrm);
      end;
```

5.8.3 用户自定义异常

用户自定义异常中涉及的步骤有:声明异常、引发异常和处理异常。

用户自定义异常必须在声明部分进行声明。当异常发生时,系统不能自动触发,需要用户使用 raise 语句,在异常处理部分捕捉并处理异常。

用户自定义异常的语法格式:

```
declare
       异常处理名称   exception;
begin
   ……
     exception
          when 异常处理名称 then
                 语句 1;
            when then
              语句 2;
            when others then
                 语句 3;
end;
```

【例 5-60】 修改 7844 员工的工资(增加 1 000),且保证修改后工资不超过 6 000。

```
SQL> declare
  e_1 exception;
  v_sal scott.emp.sal%type;
begin
     update scott.emp set sal=sal+1000 where empno=7844;
      select sal into v_sal from scott.emp  where empno=7844;
      --- 取出更新后的工资
      IF v_sal>6000 then
           raise e_1;
      end if;
      exception
      when e_1 then
             dbms_output.put_line('The salary is too large!');
      rollback;
end;
```

练习:更新 scott.emp 中 7788 员工的工资,若没有成功,请抛出异常。

```
SQL> declare
   v_empno   scott.emp.empno%type;
   no_result   exception;
begin
   v_empno:=&a;
```

```
        update scott.emp  set sal=sal+100 where empno=v_empno;
        if  SQL%notfound   then
            raise no_result;
        end if;
    exception
        when  no_result then
           dbms_output.put_line('数据没有更新');
        when others then
           dbms_output.put_line(sqlcode||'   '||sqlerrm);
    end;
```

5.9 习题

一、问答题

1. 针对 xs_kc 表，如何通过在使用 select 语句显示学生信息时显示每位学生的成绩所属的级别？示例查询结果如下：

```
 xh     kch                                        cj 级别
------------------------------------------------------
061101  101                                        80 良
061101  102                                        78
061101  206                                        76
061103  101                                        82 良
061103  102                                        82 良
061103  206                                        83 良
061104  101                                        90 优
061107  101                                        98 优
061107  102                                        80 良
```

2. 示例查询如下，请说明该 select 语句的含义。

```
SQL> select xh,kch,cj,
    (case
        when cj>=90 then '优'
        when cj>=80 then '良'
        else ''
```

```
        end)
            as 级别
        from xs_kc;
```

3. 简述 PL/SQL 程序块的构成。
4. 简述 PL/SQL 程序数据类型有哪几类,分别是什么。
5. 简述不同 case 结构的应用场合。
6. 简述异常处理的分类,并分别举例说明。
7. 简述 select into 赋值时,需要注意的问题、可能触发的异常。
8. %rowtype 应用编程举例。
9. 不同的循环结构举例说明。
10. 如何实现带 case 的 select 语句,其功能是什么?
11. 赋值语句有几种形式,请分别举例。
12. 采用 PL/SQL 语言模拟 merge 的一次应用。
13. 简述本书使用了哪三种语言、哪三种变量、哪三种数据类型。
14. 简述 %type 和 %rowtype 的应用,并说明其不同之处。
15. 说明为什么 %rowtype 类型可以方便地连接标量变量和字段变量。
16. 举例说明带 return into 的 DML 语言的应用。

二、填空题

1. 请在下面程序中划横线处将语句补充完整。

```
SQL> select deptno,empno,sal,hiredate, (case
    when trunc(sysdate-hiredate)>5000 then '过期'
    when _____ then '没借书'
      else ''
    end)   as 是否借书,
    (case
    when trunc(sysdate-hiredate)>5000 then   to_char(trunc(sysdate-hiredate) * 0.1)
        else''
        end) as   罚款
  from scott.emp;
```

2. 练习:更新 scott.emp 中 7788 员工的工资,若没有成功,请抛出异常。

```
SQL> declare
    v_empno   scott.emp.empno%type;
    no_result   exception;
```

```
begin
    v_empno:=&a;
      update scott.emp  set sal=sal+100 where empno=v_empno;
       if _____ then
    _____ end if;
exception
    _____
dbms_output.put_line('数据没有更新');
      when others then
         dbms_output.put_line(sqlcode||'  '||sqlerrm);
   end;
```

三、单选题

1. 在 SQL*Plus 环境中可以利用 dbms_output 包中的 put_line 方法来回显服务器端变量的值，但在此之前要利用一个命令打开服务器的回显功能，这一命令是（　　）。

   A. set server on　　　　　　　　B. set server echo on

   C. set servershow on　　　　　　C. set serveroutput on

2. Oracle 异常处理的常用语句为（　　）。

   A. raise　　　　B. throw　　　　C. capture　　　　D. 其他

3. 如果希望定义一个变量 v_1，其类型随着学生表 xs 中学号 xh 列的改变而自动改变，则需要使用以下（　　）来声明。

   A. v_1　xs.xh record　　　　　　B. v_1　xs.xh%type

   C. v_1　xs.xh%rowtype　　　　　D. 其他

4. 如果希望定义一个变量 v_xs，其类型随着学生表 xs 中所有列的改变而自动改变，则需要使用以下（　　）来声明。

   A. v_xs　xs.xh record　　　　　　B. v_xs　xs%rowtype

   C. v_xs　xs%type　　　　　　　　D. 其他

5. 以下可以用作赋值的语句为（　　）。

   A. select into　　　　　　　　　B. update　returning into

   C. fetch　into　　　　　　　　　D. 以上都可以

6. 以下不属于 PL/SQL 语句块结构组成的是（　　）。

   A. declare　　　B. begin　　　C. exception　　　D. close

7. 临时变量可以使用的位置（　　）。

   A. select 语句的 where 子句　　　B. select 语句的 from 子句

   C. PL/SQL：=赋值语句　　　　　　D. 以上都可以

第6章 游　　标

> **本章重点：**
> - 掌握 Oracle 游标的概念，游标的分类及游标的常用属性。
> - 掌握游标使用的四个步骤。
> - 掌握游标的遍历（三种循环），特别是 for 循环遍历游标的三种变式。
> - 掌握使用 Oracle 游标更新数据。
> - 了解游标变量及游标变量的使用场合和作用。

6.1　游标初步理解

6.1.1　游标的作用及使用场景

在 Oracle 中，游标是一种机制，通过关键字 cursor 来定义一组 Oracle 查询出来的数据集，可以把查询的数据集存储在内存中，然后使游标指向其中一条记录，通过循环游标达到循环数据集的目的。

在 PL/SQL 块中执行 select、insert、delete 和 update 语句时，Oracle 会在内存中为其分配上下文区（context area），即缓冲区，游标是指向该区的一个指针，它提供了一种对具有多行数据查询结果集中的每一行数据分别进行处理的方法，是设计嵌入式 SQL 语句的常用编程方式。

游标一旦打开，则放到一个内存工作区，使用之前需要由系统或用户以变量的形式定义。回顾体系结构篇中的内存结构，内存结构主要包含系统全局区 SGA 和后台进程，游标属于系统全局区 SGA 中的共享池（shared pool）部分，具体来说是共享池中的上下文区。了解游标在内存结构中的位置，有利于掌握游标的定义及游标处理过程的常用步骤。

游标的作用是临时存储从数据库中提取的数据块，提高数据处理效率。在某些情况下，需通过游标把数据从磁盘的表中调到计算机内存中进行处理，最后将处理结果显示出来或最终写回数据库。由于游标仅通过遍历一次内存中的结果集进行数据处理，因此它的处理速度很快，否则频繁的磁盘数据交换会降低处理效率。

使用场景：在使用 select 语句查询数据库时，查询返回的数据存放在结果集中，用户得到结果集后，需要逐行逐列地获取其中的数据，或者对其中的数据做不同的修改，这种情况下，尤其是对于互动多的在线应用程序，把完整的结果集作为一个单元进行处理并不总是有效的。这些应用程序需要一种机制来一次处理一行或连续的多行，而游标是对提供这一机制的结果集的扩展。

游标是一种定位并控制内存中结果集的机制。由于它指示结果集中的当前位置，就像计算机屏幕上的光标指示当前位置一样，"游标"由此得名，如图 6-1 所示。

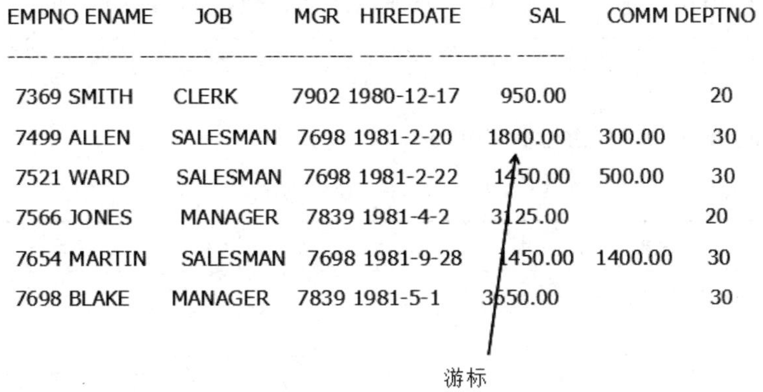

```
EMPNO ENAME    JOB        MGR  HIREDATE     SAL    COMM  DEPTNO
----- ------   --------   ---- ----------  -------  ------ ------
7369  SMITH    CLERK      7902 1980-12-17   950.00            20
7499  ALLEN    SALESMAN   7698 1981-2-20   1800.00  300.00    30
7521  WARD     SALESMAN   7698 1981-2-22   1450.00  500.00    30
7566  JONES    MANAGER    7839 1981-4-2    3125.00            20
7654  MARTIN   SALESMAN   7698 1981-9-28   1450.00 1400.00    30
7698  BLAKE    MANAGER    7839 1981-5-1    3650.00            30
                                              ↑
                                             游标
```

图 6-1　游标示意图

6.1.2　游标的引出

修改 scott.emp 表的工资，工资不足 1 000 的，调整为 1 500；工资高于 1 000 的，调整为原来工资的 1.5 倍；调整后，若工资＞10 000，则设其为 10 000。

思考：该题仅使用 update 是否会出现前后矛盾？

分析：如果使用 update，假设有一人工资为 900，通过语句 update scott.emp set sal＝1 500 where sal＜＝1 000，将此人工资更新为 1 500，通过 update scott.emp set sal＝sal * 1.5 where sal＞1 000，将此人工资更新为 1 500 * 1.5，违背了题目的原意。实际上单独通过 update 语句解决该问题时，由于 update 无法对结果集中的每条记录进行精准化处理，因此会造成工资小于 1 000 的记录被连续更新两次的情况，第二次更新时没有筛除已经更新的记录。考虑到需要精准化处理每条记录，因此该问题需要通过游标解决。

使用游标主要遵循 4 个步骤——声明游标、打开游标、检索游标和关闭游标。

本章将介绍使用游标的 4 个基本步骤，另外还会介绍如何进行游标循环，以及如何使用游标更新表中的数据等。

6.2 游标的分类和使用方法

在 PL/SQL 程序中,处理多行记录的事务经常使用游标来实现,使用 select 语句可以返回一个结果集,如果需要对结果集中的行进行单独操作,需要使用游标。

按照是否需要显性定义游标,Oracle 游标可以分为两种类型:显式游标和隐式游标。
- 显式游标:由用户定义、操作,用于处理返回多行数据的 select 查询。
- 隐式游标(SQL 游标):由系统自动进行操作,用于处理 dml 语句和返回单行数据的 select 查询。

对于不同的 SQL 语句,游标分类见表 6-1。

表 6-1 游标的分类

SQL 语句	游标
结果是单行的查询语句 insert,update,delete,select	隐式
结果是多行的查询语句	显式

6.2.1 游标的使用方法

1. 隐式游标的使用方法

隐式游标不需要事先声明,使用时也不需要执行打开、关闭和推进操作。实际上,隐式游标用来处理返回单行查询结果的 insert、update、delete 或者 select 语句。对于 PL/SQL 中的 select into 赋值语句,在 select 语句中增加了 into,把 select 结果集自动赋值到 into 之后指定的变量中,因此,此时的 select 语句有且只有一条返回记录,赋值才为成功(注意有且仅有一条返回记录)。

【例 6-1】 隐式游标举例,如图 6-2 所示。

```
SQL> declare
begin
   update scott.emp set sal=sal+1000 where job='CLERK';
   if sql%found then
      dbms_output.put_line('已经更新!');
   else
      dbms_output.put_line('未被更新');
   end if;
end;
```

```
SQL> declare
  2  begin
  3      update scott.emp set sal = sal + 1000 where job = 'CLERK';
  4      if sql%found then
  5          dbms_output.put_line('已经更新！');
  6      else
  7          dbms_output.put_line('未被更新');
  8      end if;
  9  end;
 10  /

已经更新！
```

图 6-2　例 6-1 运行结果

2. 显式游标的使用方法

显式游标需要在 declare 中通过 cursor 声明，使用前要打开游标，使用时要推进游标，使用后要关闭游标。使用显式游标需要以下 4 个步骤：

（1）声明游标

定义游标名及游标中使用的 select 语句，声明游标时可以包含游标变量，此时需要在游标中 select 语句的 where 子句中引用该变量。

（2）打开游标

执行游标声明时定义的 select 语句，把查询结果装入内存，游标指针位于结果集的第一条记录之前的位置（注意不是第一条记录上）。

（3）读取数据

从结果集的游标指针指向的当前记录处读取数据到 into 子句的变量中，执行完成后游标指针指向结果集的下一行（后移一行）。

（4）关闭游标

释放结果集和游标占用的内存空间。

声明游标语句 cursor，打开游标语句 open，读取游标数据语句 fetch 和关闭游标语句 close 将在下一节中进行具体介绍。

6.2.2　显式游标处理的步骤

1. 声明游标语句 cursor

声明游标语句 cursor 的基本语法结构如下：

```
declare cursor  游标名  (参数列表)
is
<select 语句>;
```

注意：

- 游标必须在 PL/SQL 块的声明部分进行定义。
- 游标定义时可以引用 PL/SQL 变量,但变量必须在游标定义之前定义或者直接在游标名字后的()内声明。
- 定义游标时并没有生成数据,只是将定义信息保存到数据字典中,打开游标时,游标的结果集被放到内存中的上下文区。
- 游标的定义中没有 into 子句,into 子句在游标推进语句 fetch 中。
- 游标定义后,可以使用 cursor_name%rowtype 定义游标类型变量。

【例 6-2】 声明一个游标 c_1,读取指定类型的用户信息,代码如下:

```
SQL> declare cursor c_1 is select xh,xm from xs;
```

声明带参数的游标举例:

```
SQL> declare
    cursor c_2(v_xb xs.xb%type) is select xh,xm from xs where xb=v_xb;
```

2. 打开游标语句 open

打开游标语句 open 的基本语法结构如下:

```
open cursor_name(参数);
```

注意:open 语句中的参数对应游标声明中的参数列表,关键字 open 之后肯定是已经定义的游标名字,因此 cursor 不必出现。

【例 6-3】 打开不带参数的游标和带参数的游标示例,代码如下:

```
SQL> open c_1;
    或 open c_2('男');
```

注意:显式游标必须事先声明,才能使用 open 语句打开,否则会出现错误。

说明:
- 执行游标定义时对应的 select 语句,将查询结果检索到工作区。并且指针指向工作区的首部(第一条记录之前,此时游标名%found 为假);
- 如果游标查询语句中带有 for update 选项,open 语句还将锁定数据库表中游标结果集合对应的数据行;
- 一旦游标打开,就无法再次打开,除非先关闭;
- 如果游标定义中的变量值发生变化,则只能在下次打开游标时起作用。

3. 游标取值语句 fetch

游标取值语句 fetch 的基本语法结构如下:

```
FETCH cursor_name into 变量列表;
```

注意：
- 变量列表中可以是游标的%rowtype 类型变量。
- 在使用 fetch 语句之前必须先打开游标，如果当前行不存在（如结果集不存在或者已经达到结果集的尾部），则不能强行读取。
- 对游标第一次使用 fetch 语句时，游标指针指向第一条记录，因此操作的对象是第一条记录，使用后，游标指针指向下一条记录。
- 游标指针只能向下移动，不能回退。
- into 子句中的变量个数、顺序、数据类型必须与工作区中每行记录的字段数、顺序以及数据类型一一对应。
- 辅助记忆：select 字段变量 into 普通变量 from 表名 where 条件。

【例 6-4】 在打开的游标的当前位置读取数据，代码如下：

```
SQL> fetch c_1 into v_xh,v_xm;
SQL> fetch c_2 into v_xh,v_xm;
```

注意：显式游标必须事先打开，才能使用 fetch 语句取值，否则会出现错误。

4. 关闭游标 close

关闭游标语句 close 的基本语法结构如下：

```
close 游标名；
```

注意：显式游标使用完成后，应该及时关闭，从而释放存储空间，如果试图打开没有关闭的游标会引发异常。

分析与说明：
- 游标除定义放在 declare 块中外，其他都放在执行部分 begin 中。
- 区分游标打开/关闭（open/close）关键字和数据库启动/关闭（startup/shutdown）关键字，open 后的变量名称为已经定义好的游标名称。

游标是分布式数据库的常用操作，因此游标的定义、打开、推进、关闭也常常出现在程序中，所以采用 open 和 close 关键字来打开和关闭游标，即 open 和 close 已经被使用到游标中，这也是 Oracle 数据库启动和关闭（startup/shutdown）不用 open/close 的原因之一。这是初学者常犯的错误。

5. 游标样本训练 1——不带参数游标

【例 6-5】 声明一个游标，读取学生的学号，程序运行结果如图 6-3 所示。

```
SQL> declare
    cursor my_cursor
        is   select xh from xs;
    v_xh xs.xh%type;
begin
```

```
        open my_cursor;
        fetch my_cursor into v_xh;
         dbms_output.put_line(v_xh);
         dbms_output.put_line(my_cursor%rowcount);
         close my_cursor;
    exception
        when others then
         dbms_output.put_line(sqlcode||sqlerrm);
   end;
```

```
SQL> set serveroutput on
SQL> declare
  2         cursor my_cursor
  3              is   select xh from xs;
  4         v_xh xs.xh%type;
  5  begin
  6         open my_cursor;
  7         fetch my_cursor into v_xh;
  8          dbms_output.put_line(v_xh);
  9          dbms_output.put_line(my_cursor%rowcount);
 10          close my_cursor;
 11    exception
 12         when others then
 13          dbms_output.put_line(sqlcode||sqlerrm);
 14  end;
 15  /
101112
1

PL/SQL procedure successfully completed

SQL>
```

图 6-3 例 6-5 程序运行结果

6. 游标样本训练 2——不带参数游标，用游标的 %rowtype 类型变量

【例 6-6】 声明一个游标，读取学生的学号，运行结果如图 6-4 所示。

```
SQL> declare
       cursor my_cursor
           is   select xh,xm from xs;
       v_1 my_cursor%rowtype;
   begin
       open my_cursor;
       fetch my_cursor into v_1;
        dbms_output.put_line(v_1.xh||' '||v_1.xm);
         dbms_output.put_line(my_cursor%rowcount);
       close my_cursor;
```

```
        exception
          when others then
              dbms_output.put_line(sqlcode||sqlerrm);
end;
```

```
SQL> declare
  2         cursor my_cursor
  3              is    select xh,xm from xs;
  4          v_1 my_cursor%rowtype;
  5  begin
  6          open my_cursor;
  7          fetch my_cursor into v_1;
  8           dbms_output.put_line(v_1.xh||' '||v_1.xm);
  9           dbms_output.put_line(my_cursor%rowcount);
 10           Close my_cursor;
 11        exception
 12          when others then
 13             dbms_output.put_line(sqlcode||sqlerrm);
 14  end;
 15  /
101112 李明
1
PL/SQL procedure successfully completed

SQL>
```

图 6-4 例 6-6 程序运行结果

注意：例 6-5 和例 6-6 中游标名%rowtype 的灵活应用，例 6-6 中 v_1 为游标 my_cursor%rowtype 类型，因此，真正输出时采用了点记法 v_1.xh、v_1.xm 输出。请思考为什么会采用此形式输出？

7. 游标样本训练 3——带参数游标

带参数的游标，使用时需注意：其参数声明放在游标的声明中，参数的引用在游标声明中的 where 语句中，参数的赋值在游标的打开语句中。

【例 6-7】 一个完整的带参数游标应用实例，如图 6-5 所示。

```
SQL> declare
     varId   number;
     varName varchar2(50);
       cursor MyCur(v_xb  xs.xb% type)   is
           select xh, xm from xs
          where xb=v_xb;
begin
     open MyCur('男');
  -- 打开游标，参数为'男'，表示读取男同学信息
     fetch MyCur into varId, varName;
```

```
        dbms_output.put_line('学生编号:'||varId||'学生名:'||varName);
        close MyCur;
    end;
```

```
SQL> declare
  2        varId   number;
  3        varName varchar2(50);
  4          cursor MyCur(v_xb  xs.xb%type)  is
  5            select xh, xm from xs
  6            where xb=v_xb;
  7  begin
  8        open MyCur('男');
  9        --打开游标,参数为'男',表示读取男同学信息
 10        fetch MyCur into varId, varName;
 11        dbms_output.put_line('学生编号:'||varId||'学生名:'||varName);
 12        close MyCur;
 13  end;
 14  /
学生编号:101112学生名:李明
PL/SQL procedure successfully completed
```

图 6-5　例 6-7 程序运行结果

6.3　游标属性

显式游标可以使用游标的所有属性,隐式游标不可以使用游标的％isopen 属性。当运行 DML 语句时,PL/SQL 打开一个内建游标并处理结果,游标是维护查询结果的内存中的一个区域,隐式游标在运行 DML 语句时打开,完成后关闭。隐式游标只使用 SQL％found、SQL％notfound、SQL％rowcount 三个属性。SQL％found 和 SQL％notfound 是布尔值,SQL％rowcount 是整数值。

1. SQL％found 和 SQL％notfound

在执行任何 DML 语句前,SQL％found 和 SQL％notfound 的值都是 NULL,在执行 DML 语句后,SQL％found 的属性值将是:

- true:insert。
- true:delete 和 update,至少有一行被 delete 或 update。
- true:select into 至少返回一行。

当 SQL％found 为 true 时,SQL％notfound 为 false。

2. SQL％rowcount

在执行任何 DML 语句之前,SQL％rowcount 的值都是 null,对于 select into 语句,如果执行成功,SQL％rowcount 的值为 1;如果没有成功,SQL％rowcount 的值为 0,同时产生一个

异常 no_data_found。

3. SQL%isopen

SQL%isopen 是一个布尔值，如果游标打开，则为 true，如果游标关闭，则为 false。对于隐式游标而言，SQL%isopen 总是 false，这是因为隐式游标在 DML 语句执行时打开，结束时就立即关闭。

【例 6-8】 游标的%rowcount 属性样本训练，如图 6-6 所示。

```
SQL> declare
   cursor  c_1 is select * from xs;
   v_1 c_1%rowtype;
begin
   open c_1;
   fetch c_1 into v_1;
   dbms_output.put_line(v_1.xh||v_1.xm||v_1.zxf);
   fetch c_1 into v_1;
   dbms_output.put_line('当前游标指向第'||c_1%rowcount||'行');
   close c_1;
end;
```

```
SQL>
SQL> declare
  2     cursor  c_1 is select * from xs;
  3     v_1 c_1%rowtype;
  4  begin
  5     open c_1;
  6     fetch c_1 into v_1;
  7  dbms_output.put_line(v_1.xh||v_1.xm||v_1.zxf);
  8     fetch c_1 into v_1;
  9  dbms_output.put_line('当前游标指向第'||c_1%rowcount||'行');
 10     close c_1;
 11  end;
 12  /
061101王林50
当前游标指向第2行

PL/SQL procedure successfully completed
```

图 6-6 例 6-8 程序运行结果

【例 6-9】 游标样例%isopen 属性练习，如图 6-7 所示。

```
SQL> declare
   cursor  c_1 is select * from xs;
   v_1 c_1%rowtype;
begin
```

```
        if c_1%isopen=false then    //=号是比较运算符,非赋值运算符,赋值运算
符为:=
            open c_1;
        end if;
        fetch c_1 into v_1;
        dbms_output.put_line(v_1.xh||v_1.xm||v_1.zxf);
        close c_1;
    end;
```

```
SQL> declare
  2    cursor c_1 is select * from xs;
  3    v_1 c_1%rowtype;
  4  begin
  5    if c_1%isopen=false then
  6        open c_1;
  7    end if;
  8    fetch c_1 into v_1;
  9    dbms_output.put_line(v_1.xh||v_1.xm||v_1.zxf);
 10    close c_1;
 11  end;
 12  /

061101王林50

PL/SQL procedure successfully completed
```

图 6-7 例 6-9 程序运行结果

6.4　record 类型进阶

定义记录数据类型。它类似于 C 语言中的结构数据类型,PL/SQL 提供了将几个相关的、分离的、基本数据类型的变量组成一个整体的方法,即 record 复合数据类型。在使用记录数据类型变量时,需要在声明部分先定义记录的组成、记录的变量,然后在执行部分引用该记录变量本身或其中的成员。

1. 记录数据类型的语法

type record_name is record(

v1   data_type1 [not null][:=default_value],

v2   data_type2 [not null][:=default_value],

vn   data_typen [not null][:=default_value]);

2. 带 return 的游标样本实例

【例 6-10】 return 的游标样本实例,如图 6-8 所示。

```
SQL> declare
    type emp_record_type is record(
```

```
        f_name    scott.emp.ename%type,
        h_date    scott.emp.hiredate%type);
    v_1    emp_record_type;
    cursor c3(v_deptno number,v_job varchar2)    return emp_record_type
    is
        select ename, hiredate from scott.emp where deptno=v_deptno
and job = v_job;
    begin
        open c3(v_job=>'manager', v_deptno=>10);
    -- 打开游标,传递参数值
    loop
        fetch c3 into v_1;        -- 提取游标
        if c3%found then
            dbms_output.put_line(v_1.f_name||'的入职日期是'||v_1.h_date);
        else
            dbms_output.put_line('已经处理完结果集了');
            exit;
        end if;
    end loop;
    close c3;    -- 关闭游标
    end;
```

说明：本例中，打开游标 open 参数的传递形式有两种：open c3(v_job=>'MANAGER', v_deptno=>10)和 open c3(10,'MANAGER')。

```
SQL> declare
  2      type emp_record_type is record(
  3          f_name    scott.emp.ename%type,
  4          h_date    scott.emp.hiredate%type);
  5      v_1    emp_record_type;
  6      cursor c3(v_deptno number,v_job varchar2)    return emp_record_type
  7      is
  8          select ename, hiredate from scott.emp where deptno=v_deptno and job =v_job;
  9      begin
 10          open c3(v_job=>'manager', v_deptno=>10);
 11      --打开游标,传递参数值
 12      loop
 13          fetch c3 into v_1;    --提取游标
 14          if c3%found then
 15              dbms_output.put_line(v_1.f_name||'的入职日期是'||v_1.h_date);
 16          else
 17              dbms_output.put_line('已经处理完结果集了');
 18              exit;
 19          end if;
 20      end loop;
 21      close c3;    --关闭游标
 22      end;
 23  /
已经处理完结果集了
```

图 6-8　例 6-10 程序运行结果

6.5 游标的遍历

6.5

为了访问游标结果集中的每一条记录,并对每一条记录进行精准处理,需要用到循环结构对声明并打开的游标进行遍历。游标的遍历一般分为三种:简单循环遍历、while 循环遍历和 for 循环遍历。每种游标遍历各有特色,适用场合也不同,但在采用 for 循环遍历游标时必须先掌握 while 循环遍历游标的步骤。游标遍历时要注意是否考虑到第一条记录和最后一条记录的处理,游标的遍历经常出现在程序、procedure 和 trigger 中,是遍历一次数据就能精准化处理每条记录的常用方法,需要重点关注。

6.5.1 利用 while 循环检索游标

1. 语法格式

```
declare
    cursor cursor_name is select…;
begin
    open cursor_name;
    fetch…into…;
    while cursor_name%found
     loop
            ……
            fetch…into…;
     end loop;
    close cursor;
end;
```

分析与提问:在打开游标后先用 fetch 语句取一行数据到变量,然后再用 while 对该游标进行判断,而不是打开后就立即用 while 进行判断,请思考这是为什么?

2. 游标遍历训练——while 循环遍历

【例 6-11】 游标遍历样例 1:使用游标分别遍历 xs 表中的 xh(序号)和 zxf(总学分),如图 6-9 所示。

```
SQL> declare
    v_xh char(6);
    v_zxf number(2);
    cursor    xs_cur3
        is select xh,zxf from xs;
```

```
begin
    open xs_cur3;
     fetch xs_cur3 into v_xh,v_zxf;
while xs_cur3%found
loop
  dbms_output.put_line(v_xh||v_zxf);
  fetch xs_cur3 into v_xh,v_zxf;
  end loop;
  close xs_cur3;
  end;
```

```
SQL> declare
  2      v_xh varchar2(6);
  3      v_zxf number(2);
  4      cursor    xs_cur3
  5         is select xh,zxf from xs;
  6  begin
  7      open xs_cur3;
  8       fetch xs_cur3 into v_xh,v_zxf;
  9   while xs_cur3%found
 10   loop
 11     dbms_output.put_line(v_xh||v_zxf);
 12     fetch xs_cur3 into v_xh,v_zxf;
 13     end loop;
 14     close xs_cur3;
 15     end;
 16  /
10111236
12111236
11150
00160

PL/SQL procedure successfully completed
```

图 6-9 例 6-11 程序运行结果

【**例 6-12**】 游标遍历样例 2：利用游标 WHILE 循环统计并输出 scott.emp 表中各个部门的平均工资；若平均工资大于 2 000，则输出"该部门平均工资较高"，如图 6-10 和图 6-11 所示。

如下所示：

部门号为 30 的平均工资为 1 566.667；

部门号为 20 的平均工资为 2 235；

部门号为 10 的平均工资为 2 916.667；

```
SQL> declare
   cursor c_dept_stat is select deptno,avg(sal) avgsal from scott.
emp group by deptno;
```

```
        v_dept c_dept_stat%rowtype;
    begin
        open c_dept_stat;
        fetch c_dept_stat into v_dept;
        while c_dept_stat%found loop
            dbms_output.put_line('部门号为'||v_dept.deptno||' '||'平均
工资为'||trunc(v_dept.avgsal,1));
            fetch c_dept_stat into v_dept;
        end loop;   close c_dept_stat;
    end;
```

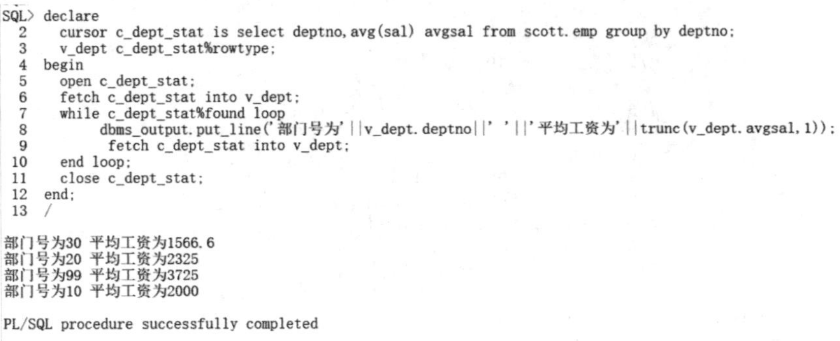

```
SQL> declare
  2     cursor c_dept_stat is select deptno,avg(sal) avgsal from scott.emp group by deptno;
  3     v_dept c_dept_stat%rowtype;
  4  begin
  5     open c_dept_stat;
  6     fetch c_dept_stat into v_dept;
  7     while c_dept_stat%found loop
  8          dbms_output.put_line('部门号为'||v_dept.deptno||' '||'平均工资为'||trunc(v_dept.avgsal,1));
  9          fetch c_dept_stat into v_dept;
 10     end loop;
 11     close c_dept_stat;
 12  end;
 13  /
部门号为30 平均工资为1566.6
部门号为20 平均工资为2325
部门号为99 平均工资为3725
部门号为10 平均工资为2000

PL/SQL procedure successfully completed
```

图 6-10　例 6-12 程序运行结果(1)

循环体内 fetch 语句之前加：

```
    if (v_dept.avgsal>=2000) then
        dbms_output.put_line(v_dept.deptno||'号部门平均工资较高');
    end if;
```

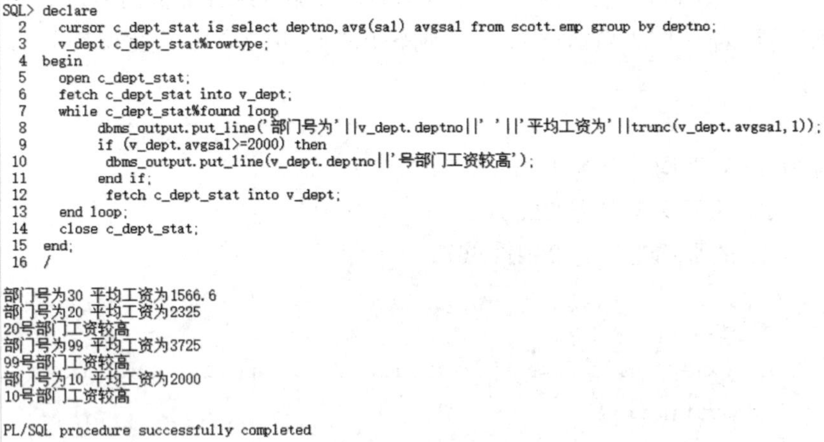

```
SQL> declare
  2     cursor c_dept_stat is select deptno,avg(sal) avgsal from scott.emp group by deptno;
  3     v_dept c_dept_stat%rowtype;
  4  begin
  5     open c_dept_stat;
  6     fetch c_dept_stat into v_dept;
  7     while c_dept_stat%found loop
  8          dbms_output.put_line('部门号为'||v_dept.deptno||' '||'平均工资为'||trunc(v_dept.avgsal,1));
  9          if (v_dept.avgsal>=2000) then
 10              dbms_output.put_line(v_dept.deptno||'号部门工资较高');
 11          end if;
 12          fetch c_dept_stat into v_dept;
 13     end loop;
 14     close c_dept_stat;
 15  end;
 16  /
部门号为30 平均工资为1566.6
部门号为20 平均工资为2325
20号部门工资较高
部门号为99 平均工资为3725
99号部门工资较高
部门号为10 平均工资为2000
10号部门工资较高

PL/SQL procedure successfully completed
```

图 6-11　例 6-12 程序运行结果(2)

6.5.2 利用简单循环遍历检索游标

语法格式：

```
declare
    cursor cursor_name is select…;
begin
    open cursor_name;
    fetch…into…;
    while cursor_name%found
     loop
         fetch…into…;
         exit when cursor_name%notfound;
……
     end loop;
    close cursor;
end;
```

分析：exit when 语句紧接着游标的 fetch 语句之后，exit when 之后再进行游标指针指向记录的处理，否则容易最后一条记录显示两次，然后再用 while 语句对该游标进行判断，而不是打开后就立即用 while 语句进行判断。

【例 6-13】 游标遍历样例——简单循环遍历，游标遍历问题：使用游标分别遍历 xs 表中的 xh 和 zxf，如图 6-12 所示。

```
SQL> declare
        v_xh varchar(6);
        v_zxf number(2);
        cursor    xs_cur3
            is select xh,zxf from xs;
begin
     open xs_cur3;
     loop
      fetch xs_cur3 into v_xh,v_zxf;
      exit when xs_cur3%notfound;
      dbms_output.put_line(v_xh||v_zxf);
     end loop;
     close xs_cur3;
end;
```

```
SQL> declare
  2              v_xh varchar2(6);
  3              v_zxf number(2);
  4              cursor    xs_cur3
  5                  is select xh,zxf from xs;
  6        begin
  7              open xs_cur3;
  8              loop
  9               fetch xs_cur3 into v_xh,v_zxf;
 10               exit when xs_cur3%notfound;
 11               dbms_output.put_line('学号为'||v_xh||'的总学分是'||v_zxf);
 12             end loop;
 13              close xs_cur3;
 14        end;
 15        /
学号为101112的总学分是36
学号为121112的总学分是36
学号为111的总学分是50
学号为001的总学分是60

PL/SQL procedure successfully completed
```

图 6-12 例 6-13 程序运行结果

6.5.3 利用 for 循环检索游标

语法格式：

```
declare 语法格式
    cursor cursor_name is select…;
begin
    for loop_variable in 游标名称
        loop
            ……
        end loop;
end;
```

注意：
- 系统隐含地定义了一个数据类型为%rowtype 的变量，并以此作为循环的计算器。
- 系统自动打开游标，不用显式地使用 open 语句打开。
- 系统重复地自动从游标工作区 fetch 数据并放入计数器变量中。
- 系统自动进行%found 属性检查以确定是否还有数据。
- 当游标工作区中所有记录都被提取完毕或循环中断时，系统自动关闭游标。

接上面例题，利用 for 循环统计并输出各个部门的平均工资。

【例 6-14】 游标遍历样例，如图 6-13 所示。

```
SQL> declare
    cursor c_1 is select deptno,avg(sal) avgsal from scott.emp
group by deptno;
    v_dept   c_1%rowtype;
  begin
    for   v_dept    in c_1
  loop
    dbms_output.put_line(v_dept.deptno||' '||v_dept.avgsal);
  end loop;
  end;
```

```
SQL> declare
  2     cursor c_1 is select deptno,avg(sal) avgsal from scott.emp group by deptno;
  3     v_dept   c_1%rowtype;
  4  begin
  5     for   v_dept    in c_1
  6  loop
  7     dbms_output.put_line(v_dept.deptno||' '||v_dept.avgsal);
  8     end loop;
  9  end;
 10  /
30 1566.6666666666666666666666666666666667
20 2325
99 3725
10 2000

PL/SQL procedure successfully completed
```

图 6-13　例 6-14 程序运行结果

分析：在 for 循环中直接使用 select 子查询代替游标名，且省略了游标的打开、推进和关闭，大大简化了代码量，若不熟悉游标基本处理的四步骤，也较难读懂和理解程序的含义，因此游标部分特别是游标变量有放和收的过程。

【例 6-15】　游标遍历样例，如图 6-14 所示。

```
SQL> begin
   for v_dept in (select deptno,avg(sal) avgsal from scott.emp
group by deptno)
   loop
     dbms_output.put_line('部门号'|| v_dept.deptno||'的平均工资为'
||v_dept.avgsal);
   end loop;
   end;
```

分析与提问：在本例中，v_dept 为 cursor 的％rowtype 类型，cursor 的 select 子句为

```
SQL> begin
  2    for v_dept in (select deptno,avg(sal) avgsal from scott.emp group by deptno)
  3    loop
  4      dbms_output.put_line('部门号'||v_dept.deptno||'的平均工资为 '||v_dept.avgsal);
  5    end loop;
  6  end;
  7  /
部门号30的平均工资为 1566.6666666666666666666666666666666667
部门号20的平均工资为 2325
部门号99的平均工资为 3725
部门号10的平均工资为 2000

PL/SQL procedure successfully completed
```

图 6-14　例 6-15 程序运行结果

select deptno,avg(sal) avgsal from scott.emp group by deptno。再次提醒注意游标声明时的 select into 子句在游标推进 fetch 语句中。

6.6　for update 游标

6.6

6.6.1　for update 游标的引入

【例 6-16】　for update 游标引例，如图 6-15～图 6-17 所示。

针对 scott.emp 表，给工资低于 1 200 的员工增加工资 50，并输出"编码为'员工编码号'工资已更新！"。

```
SQL> declare
    v_empno    scott.emp.empno%type;
    v_sal      scott.emp.sal%type;
    cursor c_cursor is select empno,sal from scott.emp;
begin
    open c_cursor;
    loop
       fetch c_cursor into v_empno, v_sal;
       exit when c_cursor%notfound;
       if v_sal<= 1200 then
            update scott.emp set sal= sal+ 50 where empno= v_empno;
            dbms_output.put_line('编码为'||v_empno||'工资已更新！');
       end if;
       dbms_output.put_line('记录数:'|| c_cursor %rowcount);
    end loop;
```

```
    close c_cursor;
end;
```

```
SQL> declare
  2     v_empno    scott.emp.empno%type;
  3     v_sal      scott.emp.sal%type;
  4     cursor c_cursor is select empno,sal from scott.emp;
  5  begin
  6     open c_cursor;
  7     loop
  8        fetch c_cursor into v_empno, v_sal;
  9        exit when c_cursor%notfound;
 10        if v_sal<=1200 then
 11              update scott.emp set sal=sal+50 where empno=v_empno;
 12              dbms_output.put_line('编码为'||v_empno||'工资已更新!')
 13        end if;
 14        dbms_output.put_line('记录数:' || c_cursor %rowcount);
 15     end loop;
 16     close c_cursor;
 17  end;
 18  /
记录数:1
记录数:2
编码为7369工资已更新!
记录数:3
记录数:4
记录数:5
记录数:6
记录数:7
记录数:8
记录数:9
记录数:10
记录数:11
记录数:12
编码为7876工资已更新!
记录数:13
编码为7900工资已更新!
记录数:14
记录数:15

PL/SQL procedure successfully completed
```

图 6-15 例 6-16 程序运行结果

```
SQL> select * from scott.emp;

EMPNO ENAME      JOB        MGR  HIREDATE        SAL      COMM  DEPTNO
----- ---------- ---------- ---- ---------- --------- --------- ------
 7369 SMITH      CLERK      7902 1980-12-17    800.00              20
 7499 ALLEN      SALESMAN   7698 1981-2-20    1600.00    300.00    30
 7521 WARD       SALESMAN   7698 1981-2-22    1250.00    500.00    30
 7566 JONES      MANAGER    7839 1981-4-2     2975.00              20
 7654 MARTIN     SALESMAN   7698 1981-9-28    1250.00   1400.00    30
 7698 BLAKE      MANAGER    7839 1981-5-1     2850.00              30
 7782 CLARK      MANAGER    7839 1981-6-9     2450.00              10
 7788 SCOTT      ANALYST    7566 1987-4-19    3000.00              20
 7839 KING       PRESIDENT       1981-11-17   5000.00              10
 7844 TURNER     SALESMAN   7698 1981-9-8     1500.00      0.00    30
 7876 ADAMS      CLERK      7788 1987-5-23    1100.00              20
 7900 JAMES      CLERK      7698 1981-12-3     950.00              30
 7902 FORD       ANALYST    7566 1981-12-3    3000.00              20
 7934 MILLER     CLERK      7782 1982-1-23    1300.00              10

14 rows selected
```

图 6-16 程序运行前 sal 列的值

```
记录数:14

PL/SQL procedure successfully completed

SQL> select * from scott.emp;

EMPNO ENAME      JOB        MGR  HIREDATE         SAL      COMM   DEPTNO
----- --------   ---------  ---- ---------    --------  --------  ------
 7369 SMITH      CLERK      7902 1980-12-17     850.00                20
 7499 ALLEN      SALESMAN   7698 1981-2-20     1600.00    300.00      30
 7521 WARD       SALESMAN   7698 1981-2-22     1250.00    500.00      30
 7566 JONES      MANAGER    7839 1981-4-2      2975.00                20
 7654 MARTIN     SALESMAN   7698 1981-9-28     1250.00   1400.00      30
 7698 BLAKE      MANAGER    7839 1981-5-1      2850.00                30
 7782 CLARK      MANAGER    7839 1981-6-9      2450.00                10
 7788 SCOTT      ANALYST    7566 1987-4-19     3000.00                20
 7839 KING       PRESIDENT       1981-11-17    5000.00                10
 7844 TURNER     SALESMAN   7698 1981-9-8      1500.00      0.00      30
 7876 ADAMS      CLERK      7788 1987-5-23     1150.00                20
 7900 JAMES      CLERK      7698 1981-12-3     1000.00                30
 7902 FORD       ANALYST    7566 1981-12-3     3000.00                20
 7934 MILLER     CLERK      7782 1982-1-23     1300.00                10

14 rows selected
```

图 6-17　程序运行后 sal 列的值

从上例中我们可以看出，以目前的知识，如果游标的作用为更新，则在游标遍历中需要使用 if 语句来筛选需要更新的内存中的记录。我们可否在游标的声明中就说明游标的应用为更新，并把部分筛选工作放给游标声明中 select 子句的 where 子句中，当游标遍历时告诉当前游标指针指向的记录是否需要更新。具体如下：

多数情况下，提取循环中所完成的处理都会修改由游标检查出的行，PL/SQL 提供了进行这样处理的一种语法，这种语法包括两部分：在游标声明部分的 for update 子句和在 update 或 delete 语句中的 where current of 子句（注意这两条语句必须成对出现）。

通常，select 操作不会对正在处理的行执行任何锁定设置，这使得连接到该数据库的其他会话可以改变正在选择的数据。但是，结果集仍然是一致的。当确定了活动集以后，在执行 open 时，Oracle 会截取该表的一个快照，在此刻以前所提交的任何更改操作都会在活动集中反映出来，在此刻以后所进行的任何更改操作，即使已经做了提交，也不会被反映出来，除非将该游标重新打开。

但是使用 for update 子句时，在 open 返回以前的活动集的相应行上会加上互斥锁，即排它锁（X），这些锁会避免其他会话对活动集中的行进行更改，直到整个事务被提交为止。

6.6.2 for update 游标的语法

```
declare
  cursor  游标名
    is    select  列名字  from  表名字  for update  of 列名;
```

更新数据的语法:

```
update 表名 set…  where current of 游标名;
```

注意:
- update 语句仅更新游标声明中 for update 子句处列出的列。如果没有列出任何列,那么所有的列都可以更新。

【例 6-17】 for update 游标示例,如图 6-18 所示。

```
SQL> declare
    v_empno  scott.emp.empno%type;
    v_sal    scott.emp.sal%type;
  cursor c_cursor is select empno,sal from scott.emp  where sal<=1200 for update;
  begin
    open c_cursor;
    loop
      fetch c_cursor into v_empno, v_sal;
      exit when c_cursor%notfound;
           update scott.emp set sal=sal+50 where current of c_cursor;
           dbms_output.put_line('编码为'||v_empno||'工资已更新!');
           dbms_output.put_line('记录数:'|| c_cursor%rowcount);
    end loop;
    close c_cursor;
  end;
```

```
SQL> declare
  2     v_empno    scott.emp.empno%type;
  3     v_sal      scott.emp.sal%type;
  4     cursor c_cursor is select empno,sal from scott.emp  where sal<=1200 for update;
  5  begin
  6     open c_cursor;
  7     loop
  8       fetch c_cursor into v_empno, v_sal;
  9       exit when c_cursor%notfound;
 10            update scott.emp set sal=sal+50 where current of c_cursor;
 11            dbms_output.put_line('编码为'||v_empno||'工资已更新!');
 12            dbms_output.put_line('记录数:'|| c_cursor %rowcount);
 13     end loop;
 14     close c_cursor;
 15  end;
 16  /
编码为7369工资已更新!
记录数:1
编码为7876工资已更新!
记录数:2
编码为7900工资已更新!
记录数:3
PL/SQL procedure successfully completed
```

图 6-18 例 6-17 运行结果

注意:使用带更新的游标时要注意声明时的 for update 语句和正式更新时的 where current of 语句的配对情况。

【例 6-18】 修改 scott.emp 表中员工的工资,如果员工的部门号为 10,工资提高 100;部门号为 20,工资提高 150;部门号为 30,工资提高 200;否则工资提高 250,如图 6-19 和图 6-20 所示。

```
SQL> declare
  cursor c_emp is select * from scott.emp for update;
  v_zl number;
  v_emp c_emp%rowtype;
begin
    for v_emp in c_emp loop
       case v_emp.deptno
           when 10 then v_zl:=100;
           when 20 then v_zl:=150;
           when 30 then v_zl:=200;
           else      v_zl:=250;
       end case;
     update scott.emp set sal= sal+v_zl where current of c_emp;
   end loop;
end;
```

注意:该例中不但用到了游标 for 循环遍历,而且还使用了简单的 case 语句。

```
SQL> declare
  2     cursor c_emp is select * from scott.emp for update;
  3     v_zl number;
  4     v_emp c_emp%rowtype;
  5  begin
  6     for v_emp in c_emp loop
  7        case v_emp.deptno
  8           when 10 then v_zl:=100;
  9           when 20 then v_zl:=150;
 10           when 30 then v_zl:=200;
 11           else        v_zl:=250;
 12        end case;
 13        update scott.emp set sal=sal+v_zl where current of c_emp;
 14     end loop;
 15  end;
 16  /

PL/SQL procedure successfully completed
```

图 6-19　例 6-18 程序运行结果(1)

```
SQL> select *from scott.emp;

EMPNO ENAME      JOB         MGR  HIREDATE       SAL      COMM   DEPTNO
----- ---------- ---------   ---- ----------  --------  --------  ------
 7369 SMITH      CLERK       7902 1980-12-17    950.00              20
 7499 ALLEN      SALESMAN    7698 1981-2-20    1800.00    300.00    30
 7521 WARD       SALESMAN    7698 1981-2-22    1450.00    500.00    30
 7566 JONES      MANAGER     7839 1981-4-2     3125.00              20
 7654 MARTIN     SALESMAN    7698 1981-9-28    1450.00   1400.00    30
 7698 BLAKE      MANAGER     7839 1981-5-1     3050.00              30
 7782 CLARK      MANAGER     7839 1981-6-9     2550.00              10
 7788 SCOTT      ANALYST     7566 1987-4-19    3150.00              20
 7839 KING       PRESIDENT        1981-11-17   5100.00              10
 7844 TURNER     SALESMAN    7698 1981-9-8     1700.00      0.00    30
 7876 ADAMS      CLERK       7788 1987-5-23    1250.00              20
 7900 JAMES      CLERK       7698 1981-12-3    1150.00              30
 7902 FORD       ANALYST     7566 1981-12-3    3150.00              20
 7934 MILLER     CLERK       7782 1982-1-23    1400.00              10

14 rows selected
```

图 6-20　例 6-18 程序运行结果(2)

6.7 游标变量(动态游标)

游标是数据库中一个命名的工作区,当游标被声明后,它就与一个固定的 SQL 关联,由于游标声明时 select 语句已经确定,因此,在编译时刻游标是已知的、静态的,它永远指向一个相同的查询工作区。

游标变量首先是 PL/SQL 语言的变量,它声明的是游标的变量,它的特色是可以在运行时刻与不同的 select 语句关联,是动态的,不与具体的 SQL 语句静态关联。对于游标变量,可以在每次打开时通过赋予不同的 select 语句指向不同查询结果缓冲区。

注意:游标和游标变量是不能相互代替的。要使用游标变量,首先要和普通变量一样定义 ref cursor 的类型。

定义游标类型和声明游标变量：

定义游标类型：

```
type ref_type_name is ref cursor [return return_type];
```

声明游标变量：

```
cursor_name ref_type_name;
```

说明：
- ref_type_name 是后面声明游标变量时要用到的游标类型（自定义游标类型，即 cursor 是系统默认的，ref_type_name 是自定义的）；
- return_type 代表数据库表中的一行或一个记录类型；
- return 是可选的，如果有则为强引用，可以减少错误，如果没有则为弱引用，有较好的灵活性，但安全性差；
- 可以声明游标变量作为函数或存储过程的形式参数，%type 列类型，%rowtype 行类型。
- 不能在包头里面声明游标变量，但可以定义游标类型，要注意这二者的区别。

【例 6-19】 强引用游标变量和弱引用游标变量的样例。

强引用游标变量：

```
SQL> declare
type ref_type_name is ref cursor return employee%type;
    v_cursor    ref_type_name;
```

弱引用游标变量：

```
SQL> declare
type ref_type_name is ref cursor;
    v_cursor    ref_type_name;
```

游标变量的使用：游标变量是动态的，它不与特定的查询绑定在一起，可以为任何兼容的查询打开游标变量，提供更好的灵活性。

游标变量的应用需要以下几步：
- 定义游标引用类型，即 ref cursor 的类型。
- 声明游标变量。
- 打开游标变量。
- 检索游标变量。
- 关闭游标变量。

即:open-for(打开游标变量,与多行查询连接起来),fetch(从结果集中取行数据),close(关闭游标变量),bulk collect(将游标变量中的行一次性提取到一个集合中)。

【例 6-20】 游标变量样例 1:将 scott.emp 表中的职工根据部门编号打印出姓名和工资,如图 6-21 所示。

```
SQL> declare
type my_refcur_type is ref cursor;
    my_refcur my_refcur_type;
my_record scott.emp%rowtype;
begin
open my_refcur for select * from emp where deptno= 20;
loop
    fetch my_refcur into my_record;
    exit when my_refcur%notfound;
    dbms_output.put_line(my_record.ename||'→'||my_record.sal);
end loop;
    close my_refcur;
end;
```

```
SQL> declare
  2      type my_refcur_type is ref cursor;
  3      my_refcur my_refcur_type;
  4      my_record scott.emp%rowtype;
  5   begin
  6     open my_refcur for select * from scott.emp where deptno=20;
  7     loop
  8       fetch my_refcur into my_record;
  9       exit when my_refcur%notfound;
 10      dbms_output.put_line(my_record.ename||'→'||my_record.sal);
 11     end loop;
 12      close my_refcur;
 13   end;
 14   /

→
SMITH→1000
JONES→3125
SCOTT→3900
AAAAAA→1300
FORD→3150

PL/SQL procedure successfully completed
```

图 6-21 例 6-20 程序运行结果

【例 6-21】 游标变量样例 2,如图 6-22 所示。

```
SQL> declare
    type t_dept is ref cursor  return scott.emp%rowtype;
```

```
        c_1 t_dept;
        v_row   scott.emp%rowtype;
    begin
        open c_1 for select * from scott.emp where empno= 7788;
        fetch c_1 into v_row;
        dbms_output.put_line(v_row.deptno||' '||v_row.job);
        close c_1;
        open c_1 for select * from scott.emp where sal>=2000;
        fetch c_1 into v_row;
        dbms_output.put_line(v_row.deptno||' '||v_row.job);
        close c_1;
    end;
```

```
SQL> declare
  2          type t_dept is ref cursor  return scott.emp%rowtype;
  3          c_1 t_dept;
  4          v_row   scott.emp%rowtype;
  5      begin
  6          open c_1 for select * from scott.emp where empno=7788;
  7          fetch c_1 into v_row;
  8          dbms_output.put_line(v_row.deptno||' '||v_row.job);
  9          close c_1;
 10          open c_1 for select * from scott.emp where sal>=2000;
 11          fetch c_1 into v_row;
 12          dbms_output.put_line(v_row.deptno||' '||v_row.job);
 13          close c_1;
 14      end;
 15  /
20 ANALYST
10

PL/SQL procedure successfully completed
```

图 6-22　例 6-21 程序运行结果

分析：游标变量的功能足够强大，可以先定义游标变量，待用户给出查询条件后，可随时随地满足用户精准需求。

6.8　习题

一、简答题

1. 说明游标的作用和游标使用的四个步骤。
2. 简述游标的几个属性及其含义，隐式游标可以使用的游标属性是什么？
3. 游标的遍历有几种，简述使用 while 循环进行游标遍历时需要注意的问题。

4. 简述 for 循环遍历游标时必须省略的步骤和可以省略的步骤。
5. 举例说明带参数游标的使用方法。
6. 举例说明游标变量的使用方法。
7. 举例比较游标和 record 类型在处理同一问题时的异同。
8. 举例说明游标变量的应用。

第 7 章 存储过程和函数

本章重点：
- 掌握存储过程的基本概念和作用及如何调用。
- 掌握存储过程和函数在语法和触发形式上的不同。
- 掌握存储过程的经典案例。
- 掌握存储过程的实战及与包 package 的综合应用。

7.1 存储过程

7.1.1 存储过程简介

在 Oracle 数据库中可以定义子程序，这种程序块称为存储过程（procedure）。与一般的函数相比，存储过程的形参增加了一个维度 in 或 out，从而使得存储过程带回主调程序的实参类型和个数灵活多变。存储过程存放在数据字典中，可以在不同用户和应用程序之间共享，并可实现程序的优化和重用。

存储过程是大型数据库系统中一组为了完成特定功能的 SQL 语句集，它存储在数据库中，经过第一次编译后再次调用不需要再次编译，用户通过指定存储过程的名字并给出参数（如果该存储过程带有参数）来执行它。存储过程是数据库中的一个重要对象，任何一个设计良好的数据库应用程序都应该用到存储过程。

存储过程可以看作是一个公用模块重复使用的功能，比如：显示一张工资统计表，可以设计成存储过程；一个经常调用的计算，可以设计成存储过程；根据雇员编号返回雇员的姓名，也可以设计成存储过程。使用存储过程的优点是：

- 存储过程在服务器端运行，执行一次后代码就驻留在高速缓冲存储器中，执行速度快，减少了网络的拥挤。
- 存储过程以命名的数据库对象形式存储于数据库中。存储在数据库中的优点是很明显的，因为代码不保存在本地，用户可以在任何客户机上登录数据库，调用或修改代码。
- 存储过程可由数据库提供安全保证，要想使用存储过程，需要有其所有者的授权。
- 参数的传递有多种方式。

7.1.2 存储过程的创建

1. procedure 格式

```
create  or  replace  procedure  存储过程名称
(  变量名  变量参数模式  变量类型,                    ⎫
    变量名  变量参数模式  变量类型)                   ⎬ procedure 头部分
as|is                                              ⎭
    /*声明部分*/                                    ⎫
begin                                              ⎪
    /*执行部分*/                                    ⎬ procedure 体部分——满足程序块的要求
exception                                          ⎪
    /*异常处理部分*/                                 ⎪
end  存储过程名称;/*声明放在 as 中*/                  ⎭
```

2. 变量参数模式

该参数不需要指定长度或精度,有 in、out、in out 三种参数模式,如表 7-1 所示。

表 7-1 procedure 形参的参数模式

参数模式	作用	过程被调用时	在过程内	调用结束
in	表示此参数接受存储过程外传来的值	实参值被传递给存储过程	起常数作用,可读不可写	实参值不变
out	表示此参数将在存储过程中被赋值	实参事先定义,参数传递时实参值被忽略	起未初始化变量的作用,值为 null,可读可写	形参值赋给实参值
in out	表示此参数同时具备 in 和 out 参数的特性	实参值被传递给存储过程	起已初始化变量的作用,可读可写	形参赋给实参

存储过程创建好后,其过程体中的内容并没有被执行,仅仅是被编译,调用该存储过程时才可执行它。

3. 存储过程的调用

调用存储过程有以下方式。

(1) 在 SQL*PLUS 中调用

```
exec  procedure_name(parameter_list)
```

(2) 在 PL/SQL 块中调用

```
declare
实参声明;
begin
```

```
    procedure_name(parameter_list);
    end;
```

分析：程序块中调用存储过程适用性更广。

（3）在其他语言中调用

存储过程的使用非常灵活，且调用后，由于存储过程本身在服务器端编译和运行，除了 in 或 out 参数的传递，不会每条记录都累及网络传输，减少了网络占用率，大大提高了程序效率。存储过程的调用，也可以采用前台各种语言如 Java 的调用，详见本书第 11、12 章。

4. 存储过程的管理

修改存储过程：

```
    create or replace procedure
```

删除存储过程：

```
    drop procedure procedure_name;
```

7.2 存储过程实战

7.2.1 不带参数的存储过程

7.2.1

【例 7-1】 不带参数的存储过程：创建一存储过程 update_emp，该存储过程用于将 emp 表中 empno 为 7876 的员工姓名修改为 candy。

```
    create or replace procedure update_emp
     as
     begin
      update scott.emp set ename= 'candy' where empno= 7876;
    end update_emp;  //注意权限不足问题
```

过程调用：

```
    begin
        p1;
    end;
```

分析：
- 该例子使用两个窗口，编写和编译存储过程时，使用 program window 窗口，调用存储过程时使用 command window 窗口。

- 该存储过程必须先在 program window 窗口中调试，运行成功后，才可以在 command window 窗口调用。前台调用语言可以是任意的能够访问低层 Oracle 数据库的语言，不必局限于 PL/SQL。
- 对于存储过程，当过程体（begin 之后的代码）涉及 DML 语言时，遵循哪个用户的表在哪个用户下建立存储过程的原则，否则会有权限不足的问题。因此该例子必须在雇员表 emp 的真正用户 scott 下建立才可以成功调用，这也是大多数读者初次接触带修改表意向的存储过程时，无法调通的主要原因。该要求不约束仅带查询意向的存储过程，真正实战时需要随时在 scott 用户和 system 用户间切换。

7.2.2 带参数的存储过程

7.2.2

【例7-2】 编写存储过程 count_grade，计算算指定系总学分大于 40 的人数。

分析该存储过程头部参数，如下：

指定系参数模式——in，接收过程外传来的值。

大于 40 的人数参数模式——out，此参数将在过程中被赋值

```
create or replace procedure count_grade
  ( v_zym in xs.zym%type,person_num out number )
```

或者

```
create or replace procedure count_grade
  ( v_zym in varchar2,person_num out number )
  /* 注意：字符型变量不带长度，以保证"严于律己，宽以待人"的原则，即对存储过程内部是"严于律己"，存储过程头部的 in/out 参数，执行"对外宽松"的原则，保证主调程序可以方便的接收 out 参数的值* /
```

因此该例是带多个参数的存储过程，计算指定系总学分大于 40 的人数整体存储过程代码如下：

```
create or replace procedure count_grade
  ( v_zym in xs.zym% type,person_num out number )
as
  begin
    select count(zxf)  into person_num
      from xs  where zym= v_zym and zxf>=40;
end count_grade;
```

【例7-3】 编写上例，计算指定系总学分大于 40 的人数整体存储过程的主调程序，主

调程序中是否有 in,out 参数,为什么?

分析:在 command window 中输入程序块实现调用:

```
declare
  person_n number(3);
begin
  count_grade('计算机',person_n);
  dbms_output.put_line(person_n);
end;
```

【例 7-4】 带多个参数的存储过程:编写一存储过程,用于计算指定系学生的总学分。

分析:存储过程使用了一个输入参数 v_zym 和一个输出参数 v_total。

```
create or replace procedure totalcredit
(v_zym   in varchar2,v_total   out number)
is
begin
  select sum(zxf) into v_total from xs
    where zym=v_zym;
end totalcredit;
```

在 command window 中输入程序块实现调用:

```
declare
v_total number;
begin
  totalcredit('计算机',v_total);
  dbms_output.put_line(v_total);
end;
```

7.2.3　返回多个值的存储过程

【例 7-5】 创建一个存储过程,以部门号为输入参数,返回该部门的人数和平均工资。

```
create or replace procedure return_deptinfo(
p_deptno in scott.emp.deptno%type,
p_avgsal out scott.emp.sal%type,
p_count  out scott.emp.sal%type)
/* 形参为 out 类型的参数需要在 procedure 的 begin 块中赋值。(一般有
select into 赋值)*/
```

```
    as
    begin
        select avg(sal),count(*) into p_avgsal,p_count
        from scott.emp
        where deptno=p_deptno;
    exception
        when no_data_found then
        dbms_output.put_line('the department don't exists! ');
    end return_deptinfo;
```

7.3 存储过程和游标结合

【例 7-6】 创建一个存储过程,以部门号为该存储过程的 in 类型参数,查询该部门的平均工资,并输出该部门中比平均工资高的员工号、员工名,如图 7-1、图 7-2 所示。

```
create or replace procedure show_emp(
p_deptno emp.deptno%type)
as
   v_sal emp.sal%type;
begin
select avg(sal) into v_sal from emp where deptno= p_deptno;
dbms_output.put_line(p_deptno||' '||'average salary is:'||v_sal);
   for v_emp in (select * from scott. emp where deptno=p_deptno and
sal> v_sal)
   loop
       dbms_output.put_line(v_emp.empno||' '||v_emp.ename);
   end loop;
end show_emp;
```

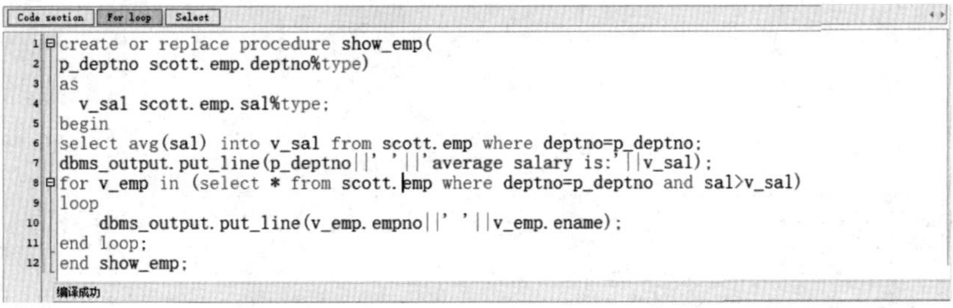

图 7-1 存储过程编译

在 command window 中输入程序块实现调用：

```
begin
   show_emp(20);
end;
```

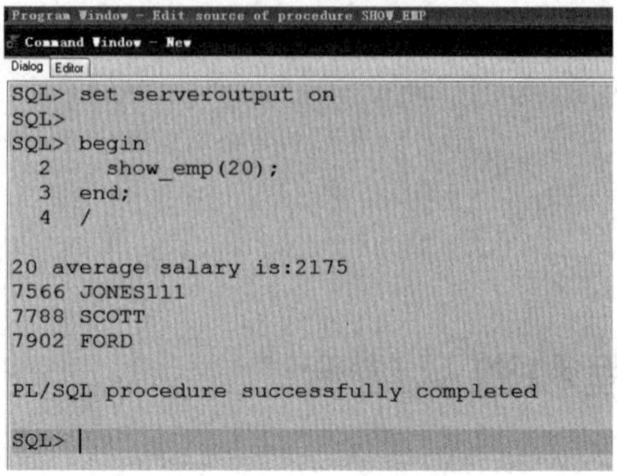

图 7-2　存储过程调用

分析：存储过程和游标的灵活性结合，大大提高了执行效率，减小了执行参数传递的复杂度，在实际项目中经常用到。

【例 7-7】　用存储过程进行模糊查找，如查找 ename 中包含 L 的雇员信息。

```
create or replace procedure tp1
(varEmpName emp.ename%type)
is
   cursor c_1 is select * from scott.emp where ename like '% '||varEmpName||'% ';
begin
     for v_1 in c_1
       loop
       dbms_output.put_line(v_1.empno||' '||v_1.ename||' '||v_1.job||' '||v_1.deptno);
     end loop;
end;
```

调用及结果：

```
begin
   tp1('L');
end;
/
```

```
7901    LAAAA    CLERK
7499    ALLEN    SALESMAN    30
7698    BLAKE    MANAGER     30
7782    CLARK    MANAGER     10
7934    MILLER   CLERK       10
```

【思考】 若本校学生表已经录入完毕,请问如何快速对各种数据做统计?如不同省份的比例,甚至不同姓氏的比例等。

7.4 用户自定义函数

用户自定义函数是存储在数据库中的代码块,可以把值返回到调用程序,调用时同系统函数。用户自定义函数可以完成的任务,存储过程必可以快速完成,反之不可。

7.4.1 用户自定义函数的创建

SQL 语句方式创建:

```
create [or replace] function function_name (parameter 1 mode datatype,
parameter 2 mode datatype )
    return  return_datatype            is/as
        声明部分
    begin
        函数体部分
      return scalar_expression     //函数返回 scalar_expression 表达式的值。
    end 函数名;
```

说明:
- parameter:用户定义的参数。用户可以定义一个或多个参数。
- datatype:用户定义参数的数据类型。
- return_datatype:函数返回值的数据类型。
- 函数参数有三种类型:in 参数类型,out 参数类型和 in out 参数类型。

7.4.2 用户自定义函数的调用和执行

【例 7-8】 计算全体学生某门课程的平均成绩,如图 7-3 所示。

```
create or replace function ave1(cnum in varchar2(6))
return number
```

```
  is
    average number;
  begin
    select avg(cj) into  average from xs_kc
      where kch=cnum group by kch;
    return(average);
  end ave;
```

无论是在命令行还是在程序语句中,函数都可以通过函数名称直接在表达式中调用。
语法格式:

```
variable_name:=function_name
```

```
SQL>
SQL> declare
  2    v_a number;
  3  begin
  4    v_a:=AVE1('101');
  5    dbms_output.put_line(v_a);
  6  end;
  7  /
PL/SQL procedure successfully completed
```

图 7-3　函数调用

7.4.3　函数的释放

语法格式:

```
drop function [schema.]function_name
```

例如:

```
drop function count_n;
```

7.5　存储过程和函数的综合实战

【例 7-9】 创建一个存储过程 get_book_info 和一个函数 get_prompt 用于获得指定 bid(书号)的图书信息,结果如图 7-4 所示。

分析思路和步骤:

(1) 导入三个表 part_book1,xs 和 lend;

(2) 函数用于判断 bid 对应的图书是否为 new 或 hot,并返回判断结果;

new：最近一年内出版的为 new。

hot：三个月内借阅三次及以上的为 hot。

（3）存储过程用于检索 bid 对应的图书信息，图书信息包括图书的基本信息以及上述函数的返回值；

（4）预备知识：select add_months(sysdate,−12) from dual。

```
    create or replace function get_prompt(v_bid  number) return varchar2
    is
    prompt varchar2(10);
    v_booktime part_book1.booktime%type;
    v_lendcount number;
    begin
    select booktime into v_booktime from part_book1 where bid=v_bid;
    -- 获取图书出版时间,并存入 v_booktime
    select count(*) into v_lendcount  from part_book1  a,lend  b
     where  a.bid=v_bid and b.bid=a.bid
    and b.ltime  between add_months(sysdate,-3) and  sysdate;
            -- 获取图书最近三个月的借阅次数 v_lendcount
    if (v_booktime  between add_months(sysdate,-12)  and sysdate)
and  v_lendcount>2 then
        prompt:='hot & new';
      elsif  (v_booktime  between add_months(sysdate,-12)  and sysdate)  then
        prompt:='new';
      elsif  v_lendcount>2  then
       prompt:='hot';
      end if;
       return(prompt);
    end get_prompt;
```

调用：

```
    SQL > begin
        get_prompt (1);
        end;
        /
```

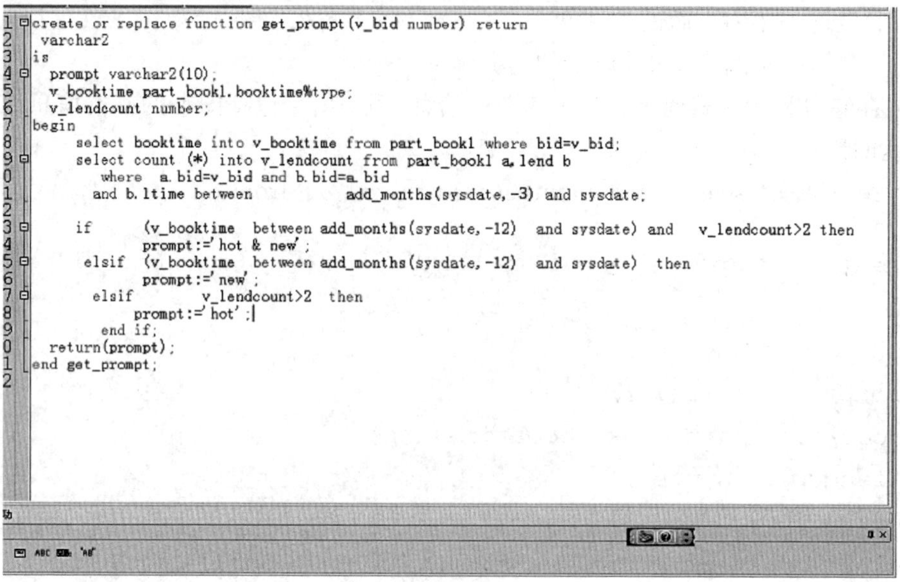

```
create or replace function get_prompt(v_bid number) return
  varchar2
is
  prompt varchar2(10);
  v_booktime part_book1.booktime%type;
  v_lendcount number;
begin
    select booktime into v_booktime from part_book1 where bid=v_bid;
    select count (*) into v_lendcount from part_book1 a, lend b
       where  a.bid=v_bid and b.bid=a.bid
       and b.ltime between          add_months(sysdate,-3) and sysdate;
    if     (v_booktime  between add_months(sysdate,-12)  and sysdate) and    v_lendcount>2 then
       prompt:='hot & new';
    elsif  (v_booktime  between add_months(sysdate,-12)  and sysdate)  then
       prompt:='new';
    elsif       v_lendcount>2   then
       prompt:='hot';
    end if;
  return(prompt);
end get_prompt;
```

图 7-4　例 7-9 程序运行结果

调用：

```
SQL> begin
    get_book_info(1);
    end;
    /
```

说明：/为运行该程序。该例为存储过程和函数结合的综合实战例子。

7.6　习题

一、简答题

1. 简述带参数的存储过程的使用，并概括说明创建与调用时都应该注意哪些问题。

2. 简述存储过程与函数的区别。

3. 调用存储过程时，如果存储过程有多个输入参数，则在调用该过程时需要为这些参数赋值，本书介绍了两种为多个参数赋值的形式，一种是指定参数名，另一种是不指定参数名。在实际应用中，有些用户喜欢将上述两种形式混在一起使用，如：

SQL>exec test(name =>'小明',23,sex=>'男')；请指出使用这种形式赋值有什么限制。

4. 举例说明存储过程的优点。

5. 编程举例说明存储过程和游标结合的实战例子，并说明该例子是否建议用函数去实现。

第8章 触发器

> **本章重点：**
> - 掌握触发器的基本概念、作用及分类。
> - 掌握使用触发器的注意事项。
> - 掌握触发器和一般存储过程在语法上的不同和触发形式的不同。
> - 掌握系统触发器和 DML 触发器的经典案例，并能灵活应用于实战。

8.1 触发器引入

系统运行一段时间后，用户可能会有以下需求：

(1) 如何实现更新 scott.emp 表工资后，显示员工号及员工工资提升的额度。

(2) 记录何时对 sal 列做了何动作(insert、update、delete)，并显示旧工资和新工资。

(3) 当执行插入员工操作时，统计操作后的员工人数；

当执行更新工资操作时，统计更新后员工的平均工资；

当执行删除员工操作时，统计删除后各个部门的人数(触发器和游标结合——注意是否是行级触发器)；

(4) 为保证数据库的安全性，通过两个系统触发器记录何用户何时登录了系统，何时退出了系统。

(5) 禁止在休息日(周六、周天)改变 scott.emp 表雇员信息(包括添加、删除和修改)。

(6) 需要建立一个触发器，实现在更新员工所在部门时，该部门中员工人数不能超过 8 人。

这些需求若采用以往的技术实现费时费力，通常此类问题采用触发器技术实现。触发器是许多关系数据库系统提供的技术，主要用在对用户自定义约束的补充及对表或系统安全性的补充。在 Oracle 系统里，触发器和存储过程都有头部和程序执行部分(一般是程序块结构)两部分。触发器作为数据库中的"自动化守卫"，其隐性约束机制通过触发事件驱动实现精密控制。它一旦建立，类似于水面之下的暗礁，不触发该触发器触发事件，系统会正常运行，一旦触发，即对触发对象有触发动作，则会影响系统的正常进展或之后对该触发对象的相关操作可能在后台做记录，从而实现用户精密的 constraint 要求，或安全性业务规则的要求。

8.2 触发器的概念

触发器(trigger)是一个特殊的存储过程。特殊性：它的执行不是由程序调用，也不是手工启动，而是由某个事件触发，比如当对一个表进行操作(insert、delete、update)时就会激活表自身已经定义好的触发器，即执行触发器。和触发器相关的数据字典：触发器可以从 DBA_TRIGGERS、USER_TRIGGERS 数据字典中查到。

触发器的作用：触发器经常用于加强数据的完整性约束和业务规则等，完善系统的性能。

触发器与存储过程的差别如下：
- 触发器是自动执行，而存储过程需要显式调用才能执行。
- 触发器是建立在表或视图之上的，而存储过程是建立在数据库之上的。
- 触发器除了扩充数据库的完整性，还提供更精细和更复杂的数据控制能力。触发器具有以下优点：可以提供比 CHECK 约束、FOREIGN KEY 约束更灵活、更复杂、更强大的约束。触发器确实在数据库约束机制中展现出独特的"超能力"，其核心优势主要体现在三个维度：跨对象业务强制规则，如支持根据主表状态自动更新关联表（类似将微信消息同步到 QQ 的场景）；防御性编程特性，如阻止类似凌晨的价格篡改这类不符合业务逻辑的更新；时空动态约束能力，可基于时间条件（如下班时间/节假日）自动拦截数据修改操作，能根据数据修改前后的状态，采取不同的处理措施等。

8.3 触发器的分类和创建

8.3.1 触发器的分类

1. DML 触发器

当数据库中发生数据操纵语言(DML)事件时将调用 DML 触发器。DML 事件包括在指定表或视图中修改数据的 insert 语句、update 语句和 delete 语句，DML 触发器可分为 insert 触发器、update 触发器和 delete 触发器三类。

2. instead of 触发器

instead of 触发器是 Oracle 专门为视图的 insert、update 操作进行处理的一种方法。行列子集 view 的更新通常通过替代触发器实现。

3. 系统触发器

系统触发器由数据定义语言(DDL)事件（如 create 语句、alter 语句、drop 语句）、数据库系统事件（如系统启动或退出、异常操作）、用户事件（如用户登录或退出数据库）触发。

8.3.2 创建 DML 触发器

DML 触发器是当发生数据操纵语言(DML)事件时要执行的操作。DML 触发器用于在数据被修改时强制执行业务规则,以及扩展 check 约束、foreign key 约束的完整性检查逻辑。

语法格式:

```
create[or replace] trigger [<用户方案名>.]<触发器名>
                                          /*触发器定义*/
{before|after|instead of}                 /*指定触发时间*/
{ delete | insert | update [ of <列名> [,…n]]}/*指定触发事件*/
[or { delete | insert | update [ of <列名> [,…n]]}]
on   {<表名>|<视图名>}                      /*指定表触发对象*/
[ for each row [ when(<条件表达式>)]]        /*指定触发级别*/

    declare   /*触发器体程序块*/
          变量声明部分
       begin
             执行部分
        exception
             异常处理部分
         end   触发器名;
```

触发器由触发器头部和触发器体两部分组成,主要包括以下参数:
- 触发时间:before、after。
- 触发事件:DML、DDL、数据库系统事件。
- 作用对象:表、视图。
- 触发方式:语句级、行级。
- 触发条件:when 条件。
- 触发操作:SQL 语句、PL/SQL 块。

DML 触发器包括触发器头部和触发体(trigger body)两部分。触发体是块结构,是触发该 triggle 需要执行的程序块部分。

(1) 触发器头部用于定义时间(after|before)、事件(insert or update or delete)、保护的对象(on 表名)、约定的触发方式(行级触发还是语句级触发)。

(2) 触发器的触发体语法是基本块结构,它满足触发器头部的规定(如 after insert on scott.emp 表示对 scott.emp 表做添加操作之后),会自动执行该触发器的触发体中的语句(按照执行方式确定该触发体中代码执行一次还是多次,行级触发方式 for each row 表示涉及几条记录就执行几次触发体,语句级触发方式表示仅执行一次触发体)。

8.3.3 触发器注意事项

1. 编写触发器时的注意事项
- 触发器不接收参数。
- 一个表上最多可以有 12 个触发器,但同一时间、同一事件、同一类型的触发器只能有一个,并且各触发器之间不能有矛盾。
- 一个表上的触发器越多,对在该表上的 DML 操作的性能影响就越大。
- 触发器最大为 32 KB。若确实需要,可以先建立存储过程,然后在触发器中用 call 语句进行调用。
- 触发器的执行部分只能使用 DML 语句(select、insert、update、delete),不能使用 DDL 语句(create、alter、drop)。
- 触发器中不能包含事务控制语句(commit、rollback、savepoint)。因为触发器是触发语句的一部分,触发语句被提交、回退时,触发器也会被提交、回退。
- 触发器主体中调用的任何存储过程、函数,都不能使用事务控制语句。
- 触发器主体中不能声明任何 long 和 blob 变量。新值(new)和旧值(old)也不能指向表中的任何 long 和 blob 列。
- 不同类型触发器(如 DML 触发器、instead of 触发器、系统触发器)的语法格式和作用有较大区别。
- 除了时间、事件、对象外,还要注意区分触发方式的行级和语句级。

2. 实战中触发器和存储过程的区别
- procedure 带参数,trigger 不带参数。
- procedure 体将 declare 改为 is,trigger 体局部变量的声明依然是 declare。
- procedure 的调用采用程序块主动调用,trigger 是对 on 之后的对象做了某种动作(如 insert)时触发。
- trigger 追加了时间、事件、对象、方式等细节。

3. 触发器实战的引入

【例 8-1 引入】 当 xs 表中的记录被删除时,备份删除的记录,方式为:写到新建表 xs_1 中,以备查看。

需要考虑要素:
- 时间和事件:before delete 或者 after delete。
- 对象:on xs。
- 方式:一起做还是一条记录一条记录地单独做。
- xs 表中被删除的信息。
- 做什么:insert into xs_1 values。
- 触发事件:insert、delete、update of column。

- 行级触发时,标志符:old 和:new 可以获得某列修改前后的数据。

行级触发器和语句级触发器的区别:

如果定义为语句级,则执行 delete from xs 时,触发器只运行一次;如果定义为行级,则上面的 delete 操作将使触发器的身体部分运行多次(有几条记录就运行几次)。:old 和:new 为行级触发器中的标记符号,注意该标记符号不出现在语句级触发器中。

标记符号的两种引用方式:

- :old.field 和:new.field （触发器的执行部分）。
- old.field 和 new.field （触发器头部的 when 条件部分）。

:old 和:new 在不同操作中的意义,如表 8-1 所示。

表 8-1 :old 和:new 在不同操作中的意义

触发语句	:old	:new
insert	未定义,所有字段都为 null	当语句完成时,将要被插入的值
update	行被更新前的原始值	当语句完成时,将要被更新的值
delete	行被删除前的原始值	未定义,所有字段都为 null

8.3.4 DML 触发器实战

1. :old 和:new 应用

【例 8-1】 题目:创建一个触发器,当 xs 表中的记录被删除时,备份删除的记录,方式:写到新建表 xs_1 中,以备查看。

功能要求:增加一个新表 XS_1,表结构和 XS 表相同,用来存放从 XS 表中删除的记录。

分析:

(1) 创建表 xs_1。

```
create table xs_1 as select * from xs;
truncate table xs_1;
```

(2) 创建一个触发器,当 xs 表中的记录被删除时,备份删除的记录,方式为:写到新建表 xs_1 中,以备查看。

(3) 触发时间:before。

(4) 触发事件:delete。

(5) 触发级别:行级 for each row。

具体实现,如图 8-1 和图 8-2 所示。

```
create or replace trigger del_xs
before delete on xs
for each row
begin
    insert into  xs_1 (xh,xm,zym,xb,cssj,zxf)  values
(:old.xh,:old.xm, :old.zym, :old.xb, :old.cssj,:old.zxf);
end del_xs;
```

```
create or replace trigger del_xs
  before delete on xs
   for each row
  begin
   insert into  xs_1 (xh, xm, zym, xb, cssj, zxf)  values
              (:old.xh, :old.xm, :old.zym, :old.xb, :old.cssj, :old.zxf)
  end del_xs;

Compiled successfully
```

图 8-1 del 触发器编译成功

触发器的创建通常在文件-新建-程序窗口,且创建好后需要先编译成功才有效果,通常情况下,谁(哪个用户)的表谁创建触发器。

例 8-2 为 delete 触发器,因此触发方式如下:

```
061101  王林      计算机 男 1986/2/10   50           <B
101112  李明      计算机 男 1986/1/30   36           <B
121112  王小二    计算机 男 1986/1/30   36           <B
1111    aaaaa                                      <B
00007   test      计算机 男 1990/1/30   36           <B
00007   test      计算机 男 1990/1/30   36           <B
007     Jame      计算机               36           <B

10 rows selected

SQL> delete from xs where xh='00007';

2 rows deleted

SQL> select * from xs_1;

XH      XM    ZYM    XB  CSSJ       ZXF  BZ          ZP INFO       TIME
------- ----- ------ --- ---------- ---- ----------- -- ---------- ----
00007   test  计算机 男  1990/1/30  36                <B
00007   test  计算机 男  1990/1/30  36                <B
SQL>
```

图 8-2 del 触发器验证

2. 触发器中的谓词

表8-2为触发器中谓词 inserting、updating、deleting 的解释。

表8-2 触发器中的谓词

谓词	行为
inserting	如果触发语句是 insert,则为 true;否则为 false
updating	如果触发语句是 update,则为 true;否则为 false
deleting	如果触发语句是 delete,则为 true;否则为 false

【例8-2】 功能需求:监控用户对 xs 表的操作,要求:当 xs 表执行插入、更新和删除3种操作时,在 sql_info 表中给出相应的提示和执行时间。

准备工作:create table sql_info(info varchar(10),time date);

思考:是否可以放到一个触发器中,如可以则需要判断是哪种操作(是插入,还是更新,还是删除)。

判断当前执行的触发器是由哪个 DML 操作激发的,使用到三个谓词关键字(仅在触发器中有用)。

具体实现:

```
create or replace trigger t2
  after delete or insert or update on xs
  for each row
  declare
     v_info sql_info.info%type;
  begin
     if inserting then
        v_info:='插入';
     elsif updating then
        v_info:='更新';
     else
        v_info:='删除';
     end if;
     insert into SQL_info  values(v_info,sysdate);
  end t2;
```

思考如何触发?

说明:这个触发器可以用来加强对用户的行为监督,保障 xs 表的安全性,并可记录用户对其做过的操作和操作时间。

【例8-3】 功能需求:当插入新员工时,显示新员工的员工号、员工名;当更新员工工资时,显示修改前后的员工工资;当删除员工时,显示被删除的员工号、员工名。

具体实现:

```
create or replace trigger  t3
before insert or update or delete on scott.emp
for each row
begin
   if inserting then
       dbms_output.put_line(:new.empno||''||:new.ename);
   elsif updating then
       dbms_output.put_line(:old.sal||''||:new.sal);
   else
       dbms_output.put_line(:old.empno||''|| :old.ename);
   end if;
end t3;
```

触发 t3:

```
set serveroutput on
declare
begin
    update scott.emp set sal= 9000 where empno= 7522;
  commit;
end;
```

【例8-4】 功能需求:针对 scott.emp 表,记录其相应操作的信息,具体如下:

当执行插入员工操作时,统计操作后员工人数;

当执行更新工资操作时,统计更新后员工平均工资;

当执行删除员工操作时,统计删除后各个部门剩余的人数(游标)。

分析:是行级触发,还是语句级触发?

如果定义为语句级,则执行 delete from xs 时,触发器只运行一次;如果定义为行级,则上面的 delete 操作将使触发器运行多次(有几条记录就运行几次)。

本例需要使用语句级触发器。

具体实现:

```
create or replace trigger t4
    after insert or update or delete
         on   scott.emp
declare
```

```
    v_1 number; v_2 scott.emp.sal%type;
  begin
    if inserting then
        select count(*)  into  v_1 from scott.emp;
        dbms_output.put_line('添加记录后总人数为'||v_1);
    elsif  updating then
        select avg(sal)  into v_2  from scott.emp;
        dbms_output.put_line('更新记录后平均工资为'||' '||v_2);
    else
        for v_s in (select  deptno,count(*)  num  from  scott.
emp  group by deptno)
        loop
        dbms_output.put_line('删除记录后各个部门的部门号和人数为'
||v_s.deptno||''||v_s.num);
        end loop;
    end if;
  end t4;
```

注意:此处不能有 for each row。

触发 t4:

```
  SQL>delete from scott.emp where hiredate< = to_date('1980-12-17',
'yyyy-mm-dd');
```

结果显示如下:

```
删除记录后各个部门的部门号和人数为 20 3
删除记录后各个部门的部门号和人数为 80 5
删除记录后各个部门的部门号和人数为 10 2
```

行级触发器注意事项:对于 Oracle 行级触发器(for each row),不能对本表做任何操作,即行级触发器中,不能查询和修改(DML)自身表,否则会触发 ORA-04091 关于在 Oracle 行级触发器中访问本表的错误。该种功能需要通过变异表来实现。如下:

```
create or replace trigger  err_tr
    after insert or update or delete
      on  scott.emp   for each row   --- 错误
declare
  v_1 number; v_2  scott.emp.sal%type;
begin
```

```
    if inserting then
        select count(*)    into   v_1 from scott.emp;
        dbms_output.put_line('添加记录后总人数为'||v_1);
    elsif updating then
        select avg(sal)    into v_2   from scott.emp;
        dbms_output.put_line('更新记录后平均工资为'||' '||v_2);
    end if;
end err_tr;
```

注意：此处不能有 for each row。

```
SQL>update scott.emp set empno=1111 where empno=7934;
update scott.emp set empno= 1111 where empno= 7934
ORA-04091: 表 SCOTT.EMP 发生了变化，触发器/函数不能读它
ORA-06512: 在 "SYSTEM.ERR_TR", line 8
ORA-04088: 触发器 'SYSTEM.ERR_TR' 执行过程中出错
```

说明：该例子将行级触发器改为语句级触发器。因此：注意行级触发器和语句级触发器的区别。

3. 启用或禁用触发器

触发器可以启用和禁用，如果有大量数据要处理，可以禁用有关触发器，使其暂时失效。禁用的触发器仍然存储在数据库中，可以重新启用使该触发器重新工作。启用或禁用触发器可以使用 PL/SQL 语句或 SQL developer。

使用 PL/SQL 的 alter trigger 语句禁用和启用触发器。

语法格式：

```
alter trigger [<用户方案名>.]<触发器名>
disable | enable;
```

其中，disable 表示禁用触发器，enable 表示启用触发器。

【例 8-5】 使用 alter trigger 语句禁用触发器 t1。

```
alter trigger t1 disable;
```

【例 8-6】 使用 alter trigger 语句启用触发器 t1。

```
alter trigger t1 enable;
```

8.4 系统触发器及实战

Oracle 提供的系统触发器可以被数据定义语句 DDL 事件或数据库系统事件触发。DDL 事件指 create、alter 和 drop 等,而数据库系统事件包括数据库服务器的启动(startup)或关闭(shutdown)、数据库服务器出错(servererror)等。

DML 触发器:DML 触发器由 DML 语句触发,例如 insert、update 和 delete 语句。

系统触发器:系统触发器在发生如数据库启动或关闭等系统事件时触发。

DDL 触发器:DDL 触发器由 DDL 语句触发,例如 create、alter 和 drop 语句。

instead of 触发器:instead of 触发器又称替代触发器,它是针对视图设计的一类触发器。

创建系统触发器的语法格式:

```
create or replace trigger [<用户方案名>.]<触发器名>
/*触发器定义*/
{ before | after }                    /*指定触发时间*/
{ <DDL 事件> | <数据库事件> }          /*指定触发事件*/
on { database | [用户方案名.] schema }[when_clause]
                    /*指定触发对象*/
<PL/SQL 语句块>
/*触发体*/
```

说明:
- DDL 事件:可以是一个或多个 DDL 事件,多个 DDL 事件之间用 or 连接。DDL 事件包括 create、alter、drop、truncate、grant、revoke、logon、rename、comment 等。
- 数据库事件:可以是一个或多个数据库事件,多个数据库事件之间用 or 连接。数据库事件包括 startup、shutdown、servererror 等。
- database:数据库触发器,由数据库事件激发。
- schema:用户触发器,由 DDL 事件激发。

系统触发器的触发事件如表 8-3 所示,其他选项与创建 DML 触发器语法格式相同。

表 8-3 系统触发器的触发事件

事件	允许的时机	说明
startup	after	启动数据库实例之后触发
shutdown	before	关闭数据库实例之前触发(非正常关闭不触发)
servererror	after	数据库服务器发生错误之后触发

(续表)

事件	允许的时机	说明
logon	after	成功登录连接到数据库后触发
logoff	before	开始断开数据库连接之前触发
create	before,after	在执行 create 语句创建数据库对象之前、之后触发
drop	before,after	在执行 drop 语句删除数据库对象之前、之后触发
alter	before,after	在执行 alter 语句更新数据库对象之前、之后触发
ddl	before,after	在执行大多数 ddl 语句之前、之后触发
grant	before,after	执行 grant 语句授予权限之前、之后触发
revoke	before,after	执行 revoke 语句收回权限之前、之后触发
rename	before,after	执行 rename 语句更改数据库对象名称之前、之后触发
audit/noaudit	before,after	执行 audit 或 noaudit 进行审计或停止审计之前、之后触发

【例 8-7】 系统触发器:为保证数据库的安全,通过触发器记录何用户何时登录了系统。

```
create table u_1
    (    username varchar2(50),
         activity  varchar2(20),
          time date
    )
```

```
create or replace trigger st1
    after logon on database
begin
      insert into u_1   values(user,'LOGON',sysdate);
END    st1;
```

系统触发器 st1 触发后验证:

```
SQL > select   username,activity,to_char(time,'yyyy-MM-dd HH24:mi') from u_1;
```

【思考】 如何通过触发器记录何用户何时退出了系统(即 logoff)?

【例 8-8】 在 stsys 数据库上创建一个用户事件触发器 trigdropobjects,记录用户 system 删除的对象。

创建触发器：

```
create table dropobjects
(
    objectname varchar2(30),
    objecttype varchar2(20),
    droppeddate date
);
create or replace trigger trigdropobjects
    before drop on system.schema
begin
    insert into dropobjects
    values(ora_dict_obj_name, ora_dict_obj_type, sysdate);
end;
```

首先创建 dropobjects 表，包括对象名、对象类型、删除时间等列，用于记录用户删除信息。

在触发器 trigdropobjects 的定义部分，指定触发时间为 before，触发事件为 drop 语句，触发对象为 system 用户。

在触发体中，通过 insert 语句向 dropobjects 表插入 system 用户删除信息。

触发器触发：

system 用户通过 drop 语句删除 score 表。

```
drop table score;
```

8.5 触发器实战进阶

【例 8-9】 在 xs_kc 表上创建一个 insert 触发器 trgscourse，要求当向 xs_kc 表插入数据时，如果课程为"高数"，则显示"该课程已经考试结束，不能添加成绩"。

创建触发器：

```
create or replace trigger trgscourse
    before insert on xs_kc  for  each row
declare
    v_cname   xs_kc.cname%type;
begin
    select cname into v_cname from xs_kc  where cno=:new.cno;
    if cname='高数' then
```

```
        raise_application_error(-20001,'该课程已经考试结束,不能添加
成绩');
    end if;
end;
```

在触发器的定义部分,指定触发时间为 before,触发事件为 insert 语句,触发对象为 score 表,由于使用了 for each row 子句,触发级别为行级触发。

在触发体中,:new.cno 表示即将插入的记录中的课程号,通过 select 语句查询得到该课程号对应的课程名,如果课程名为高数,通过 raise 语句中止 insert 操作,在触发器中生成一个错误,系统得到该错误后,将本次操作回滚,并返回用户错误码和错误信息,错误码是一个-20 000~20 999 的整数,错误信息是第二个参数描述的字符串。

【思考】 如何测试该触发器?

【例 8-10】 功能要求:创建一个触发器,作用为禁止在休息日(周六、周天)改变 scott.emp 表雇员信息(包括添加、删除和修改),如图 8-3 所示。

预备知识:

```
select to_char(sysdate,'yyyy-MM-dd HH24:mi')   from dual;
select to_char(sysdate, 'DAY')   from dual;
```

通常用户自定义异常在声明后才能产生,但 raise_application_error 函数可以直接产生异常。

其定义如下:

```
raise_application_error(错误码,错误信息);
```

其中,错误码的值在-20 000 到-20 999 之间,错误信息的文本长度最大不能超过 512 个字符。

raise_application_error 函数可以将应用程序专有的错误从服务器端转达到客户端,并禁止用户的该项操作。

触发器的创建:

```
create or replace trigger t1
before insert or update or delete on scott.emp
begin
  if to_char(sysdate, 'DAY') in ('星期六','星期日') then
    raise_application_error(-20001,'不能在休息日修改员工信息');
  end if;
end;
```

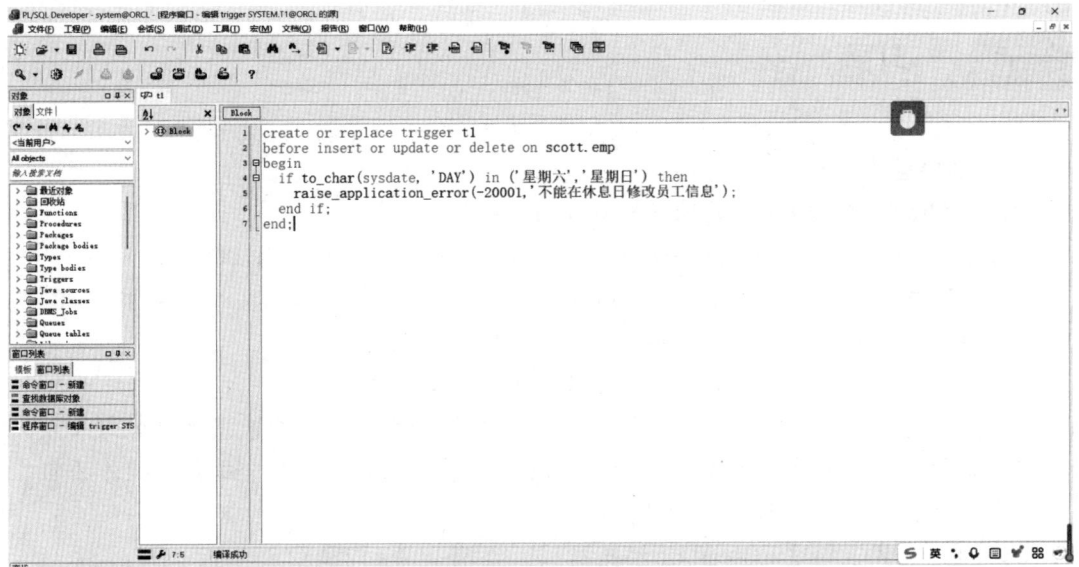

图 8-3　触发器禁止在休息日(周六、周天)改变 scott.emp 表雇员信息

通过修改的操作测试该触发器是否能够在周末禁止修改 scott.emp 表。

```
SQL >update scott.emp set ename='candy' where empno=7876;
update scott.emp set ename='candy' where empno=7876
ORA-20001: 禁止在周六周日修改员工数据
ORA-06512: 在 "SYSTEM.T01", line 6
ORA-04088: 触发器 'SYSTEM.T01' 执行过程中出错
```

8.6　触发器相关数据字典

与触发器直接相关的数据字典有：user_triggers、all_triggers、dba_triggers。

【例8-11】　请查询用户定义的触发器的名字、类型和所属表等信息。

```
SQL> select trigger_name, trigger_type, triggering_event, table_owner, base_object_type, referencing_names, status, action_type from user_triggers;
```

8.7 习题

一、选择题

1. 在 Oracle 中，instead of 触发器主要用于（　　）。
   A. 表　　　　　　B. 表和视图　　　　C. 视图　　　　　　D. 都不对

2. 下列关于触发器的说法，正确的是（　　）。
   A. 在一个表的一个操作上不能建立多个后触发型触发器
   B. 在一个表的一个操作上不能建立多个前触发型触发器
   C. 后触发型触发器只执行触发器，而不执行引发触发器执行的数据操作语句
   D. 后触发型触发器是在触发器执行完成后，再执行触发器中包含的数据操作语句

3. 关于触发器，下列说法正确的是（　　）。
   A. 可以在表上创建 instead of 触发器
   B. 语句级触发器不能使用":old"和":new"
   C. 触发器可以显式调用
   D. 都不对

4. 在 Oracle 中，关于触发器的描述正确的是（　　）。
   A. 触发器可以删除，但不能禁用
   B. 触发器只能用于表
   C. 触发器可以分为行级和语句级两种
   D. 触发器只有 DML 类型的触发器

5. 以下关于 DML 触发器的说法中，正确的是（　　）。
   A. 由程序调用执行　　　　　　　　　B. 由增删改事件激活，自动执行
   C. 由 select 语句激活，自动执行　　　D. 由系统时钟事件激活，自动执行

二、程序题

1. 对 scott.emp 表创建一个触发器，保证在每天 9：00—15：00 之外的时间禁止对该表记录做任何修改操作。

2. 对 scott.emp 表统计何用户何时做了何操作，操作的细节是什么？（先做准备工作，再做触发器，不止一个触发器）

3. 对 scott.emp 表，当添加、删除、修改员工的信息后，统计各个部门的人数、平均工资，并输出。

4. 对 scott.emp 表，当添加、修改员工的信息后，统计各个部门的人数，当删除员工的信息时，统计各个部门的人数、平均工资，并输出。

5. 对 scott.emp 表，创建触发器，当添加员工时，输出添加员工的员工号和员工名，当删除员工的信息时，统计各个部门的人数和平均工资，并输出。（思考需要使用几个触发器）

第四篇

安全篇

第 9 章　Oracle 安全管理

本章重点：
- 掌握数据库安全的考量维度，掌握用户管理：口令、是否过期、配额、加锁等。
- 掌握不同的系统权限和对象权限等。
- 掌握概要文件的概念，概要文件常用的 limit 选项，概要文件的创建和实际应用。

9.1　用户

Oracle 数据库系统采用用户、角色、权限、概要文件等安全管理策略来保障数据的安全。某一用户要对某一数据库进行操作，需要满足以下条件：
- 登录 Oracle 服务器必须通过身份验证。
- 是该数据库的用户或某一数据库角色的成员且有执行该操作的权限。
- 满足概要文件的要求。

因此作为分布式数据库，Oracle 的安全性包括以下几个方面：

1. 对用户登录进行身份验证

当用户登录到数据库系统时，系统对用户账号和口令进行验证，确认用户能否访问数据库系统。

2. 对用户操作进行权限控制

当用户登录到数据库系统后，只能对数据库中的数据在允许的权限内进行操作，数据库的权限分为对象权限和系统权限两类。

3. 概要文件

对系统权限和对象权限无法操控部分的安全性要求，通过概要文件进行管理和配置。例如以下为用户需求：用命令方式创建一个角色 role1，并给角色授权 create session、create table、create procedure；创建一个用户 user1，口令为 angel，默认表空间为 data，data 表空间配额为 100 MB；利用角色 role1 为用户 user1 授权。利用 OEM 创建概要文件，要求：若用户密码输错三次，则冻结此用户。将概要文件指定给用户等。

9.1.1 创建用户

在 Oracle Database 12c 中,有两种用户,一种是公用用户,一种是本地用户。公用用户是在 CDB(容器数据库)下创建的,并在全部 PDB(可插拔数据库)中生效,在公用用户前必须加上 C##;本地用户是在 PDB 中创建的,只能在本地使用。我们关注的是公用用户。

1. 创建用户基本语法

```
create user 用户名   identified    by 口令
/*将要创建的用户名,12c 后公用用户前必须加上 C## */
   default tablespace  普通表空间的名字
     temporary tablespace  临时表空间名字
     quota n k|m|unlimited on 表空间名 /* 用户规定的表空间存储对象,最多
可达到这个定额规定的总大小,定义在表空间中允许用户使用的最大空间,可将限额定
义为整数字节或千字节/兆字节。其中关键字 unlimited 指定用户可以使用表空间中
的全部可用空间。*/
       profile 概要文件 /*指定用户的资源配置 */
       password expire /*需要重置一次性的口令*/
         account lock | unlock /*可用于显示锁定或解除锁定的用户账户
(unlock 为缺省设置)*/
```

说明:

(1) 每个用户原则上都需要加口令。

(2) 表空间配额:quota……on tablespacename。限制用户所能使用的存储空间的大小。表空间配额限制用户在永久表空间中可用的存储空间大小,默认情况下,新用户在任何表空间中都没有任何配额,用户在临时表空间中不需要配额。在临时表空间中创建的所有临时段都属于 SYS 模式。

(3) 默认表空间

用户在创建数据库对象时,如果没有明确指明该对象在哪个空间,那么系统会将该对象自动存储在用户的默认表空间中,即 system 表空间。

缺省表空间

```
default tablespace tablename 默认为 system
```

临时表空间

```
temporary tablespace tempname 默认为 temp
```

（4）临时表空间

如果用户执行一些操作,例如排序、汇总和表间连接等,系统会首先使用内存中的排序区 sort_area_size,如果这块排序区大小不够,则将使用用户的临时表空间。一般使用系统默认临时表空间。

（5）配额

"quota n k|m|unlimited on 表空间名"为该用户占用的基本表空间的配额大小,注意这里是基本表空间,不是临时表空间。

（6）账户状态

在创建用户时,可以设定用户的初始状态,包括用户口令是否过期、用户账户是否锁定等。已锁定的用户不能访问数据库,必须由管理员进行解锁后才允许访问。数据库管理员可以随时锁定或解除锁定账户。

（7）资源配置

每个用户都有一个资源配置,如果创建用户时没有指定,Oracle 会为用户指定默认的资源配置。资源配置的作用是对数据库系统资源的使用加以限制,这些资源配置包括:口令输入错误几次后锁定该用户、占用 CPU 时间、打开会话的空闲时间、口令是否过期、输入/输出(I/O)以及用户打开的会话数目等。

（8）create session 权限

新创建的用户并不能直接连接数据库,因为它不具有 create session 系统权限,因此,在新建数据库用户后,通常需要使用 grant 语句为用户授予 create session 权限。

2. 创建用户实战

【例 9-1】 创建一个名称为 Jame 的用户,口令为 angel,缺省表空间为 users,临时表空间为 temp。users 表空间的定额是 10 M,登录数据库前修改口令。

```
SQL> create user   c## Jame   identified by angel
        default tablespace users
        temporary tablespace temp
            quota 1M on   users
            password expire;
SQL> grant create session to Jame;/*注意需要赋予该权限给新创建的用户*/
```

【例 9-2】 创建一个名称为 Jame 的用户,口令为 angel,缺省表空间为 ts1,临时表空间为 temp。ts1 表空间的定额是 10 M,登录数据库前修改口令。

```
SQL> create user   c## Jame   identified by angel
        default tablespace ts1
        temporary tablespace temp
```

```
                    quota 1M on  ts1
                    password expire;
SQL> grant create session to Jame;
```

复习如何创建表空间:

```
SQL> create tablespace ts1
logging
datafile 'c:\o\test101.dbf' size 5 M reuse
    autoextend off;
```

思考:如何配置用户可以占用的表空间大小?

9.1.2 修改用户和删除用户

1. 修改用户

基本语法:

```
alter user user_name  identified  by password
   default tablespace tablespace_name
      temporary tablespace temp_tablespace_name
         [ quota n k|m|unlimited on tablespace_name]
         [ profile profile_name]
         [ password expire]
            [ account lock | unlock]
```

说明:锁定用户一般用在用户账户的锁定等情况。实际生活中,如对于银行需要客户亲自提出锁定和解锁个人账户的需求。锁定用户:alter user test account lock,具体锁定的天数在概要文件中设置。解锁用户:alter user test account unlock。

【思考】 将 scott 用户的口令修改为 test,并将 scott 用户在 users 表空间的引用空间改为 10 M。

```
SQL> alter user scott identified by test quota 10 M  on users ;
```

2. 删除用户

基本语法:drop user user_name;
步骤为先删除用户所拥有的对象,再删除用户。

将参照该用户对象的其他数据库对象标志为 invalid,如果使用 cascade 选项,则删除用户时将删除该用户模式中的所有对象。如果用户拥有对象,删除用户时若不使用

cascade 选项,系统将给出错误信息。

【例 9-3】 删除公用用户 Su(该用户已创建并拥有对象)。

```
SQL> drop user C## Su cascade;
```

3. 查询用户

通过查询数据字典视图可以获取用户信息、权限信息和角色信息。数据字典视图如下:
- all_users:当前用户可以看见的所有用户。
- dba_users:查看数据库中所有的用户信息。
- user_users:当前正在使用数据库的用户信息。
- user_password_limits:分配给该用户的口令配置文件参数。
- user_resource_limits:当前用户的资源限制。
- v$session:每个当前会话的会话信息。
- v$sesstat:用户会话的统计数据。
- dba_roles:当前数据库中存在的所有角色。
- session_roles:用户当前启用的角色。
- dba_role_privs:授予给用户(或角色)的角色,也就是用户(或角色)与角色之间的授予关系。

9.2 权限

9.2.1 权限的概念和分类

创建一个新用户后,该用户还无法操作数据库,还需要为该用户授予相关权限。Oracle 的权限包括系统权限和对象权限两类,所谓权限就是访问对象的权利。执行一种特殊类型的 SQL 语句或存取另一用户对象的权力。

系统权限:数据库级别执行某种操作的权限或者说系统规定用户使用数据库的权限。(系统权限是对用户而言)

对象权限:对某个特定的数据库对象执行某种操作的权限。在指定的表、视图、序列、过程、函数或包上执行特殊动作的权利。

9.2.2 系统权限

系统权限是在系统级控制数据库的存取和使用的机制,即执行某种 SQL 语句的能力。例如,启动、停止数据库,修改数据库参数,连接数据库,以及创建、删除、更改模式对象(如存储过程等权限,实战时不带 on 关键字)。数据字典视图 system_privilege_map 中包括了 Oracle 数据库中的所有系统权限，查询该视图可以了解系统权限的信息：

```
SQL> select * from system_privilege_map;
```

系统权限的授予和回收。
语法结构：

```
grant sys_list | role_list   to username;
revoke  sys_list | role_list   from username;
```

【例 9-4】 系统权限和对象权限的授予。
系统权限：

```
SQL> grant dba to author;
SQL> grant create session to role1 ;
SQL> grant role1 to user;
SQL> garnt create table to u1;
SQL> grant select any table to u1;
```

系统权限大体上分为针对数据库整体设置的权限、针对数据库对象设置的权限和所有用户都可以设置的权限，一般情况下，系统权限由系统管理员设置，见表 9-1、表 9-2。

表 9-1　数据库的系统权限

系统权限	功能
ALTER DATABASE	修改数据库的结构
ALTER SYSTEM	修改数据库系统的初始化参数
DROP PUBLIC SYNONYM	删除公共同义词
CREATE PUBLIC SYNONYM	创建公共同义词
CREATE PROFILE	创建资源配置文件
ALTER PROFILE	更改资源配置文件
DROP PROFILE	删除资源配置文件
CREATE ROLE	创建角色
ALTER ROLE	修改角色
DROP ROLE	删除角色
CREATE TABLESPACE	创建表空间
ALTER TABLESPACE	修改表空间
DROP TABLESPACE	删除表空间

（续表）

系统权限	功能
MANAGE TABLESPACE	管理表空间
UNLMITED TABLESPACE	不受配额限制地使用表空间
CREATE SESSION	创建会话，允许用户连接到数据库
ALTER SESSION	修改用户会话
ALTER RESOURCE COST	更改配置文件中计算资源消耗的方式
RESTRICTED SESSION	在数据库处于受限会话模式下连接到数据库
CREATE USER	创建用户
ALTER USER	更改用户
BECOME USER	当执行完全装入时，成为另一个用户
DROP USER	删除用户
SYSOPER(系统操作员权限)	STARTUP SHUTDOWN ALTER DATABASE MOUNT/OPEN ALTER DATABASE BACKUP CONTROLFILE ALTER DATABASE BEGINJEBID BACKUP ALTER DATABASE ARCHIVELOG RECOVER DATABASE RESTRICTED SESSION CREATE SPFILE/PFILE SYSDBA(系统管理员权限) SYSOPER 的所有权限 WITH ADMIN OPTION 子句
SELECT ANY DICTIONARY	允许查询以"DBA"开头的数据字典

表 9-2 数据库的系统权限(针对数据库对象)

系统权限	功能
CREATE CLUSTER	在自己模式中创建聚簇
DROP CLUSTE	删除自己模式中的聚簇
CREATE PROCEDURE	在自己模式中创建存储过程
DROP PROCEDURE	删除自己模式中的存储过程
CREATE DATABASE LINK	创建数据库连接权限，通过数据库连接允许用户存取远程的数据库
DROP DATABASE LINK	删除数据库连接
CREATE SYNONYM	创建私有同义词
DROP SYNONYM	删除同义词

（续表）

系统权限	功能
CREATE SEQUENCE	创建开发者所需要的序列
CREATE TIGGER	创建触发器
DROP TRIGGER	删除触发器
CREATE TABLE	创建表
DROP TABLE	删除表
CREATE VIEW	创建视图
DROP VIEW	删除视图
CREATE TYPE	创建对象类型
ANALYZE ANY	允许对任何模式中的任何表、聚簇或者索引执行分析，查找其中的迁移记录和链接记录
CREATE ANY CLUSTER	在任何用户模式中创建聚簇
ALTER ANY CLUSTER	在任何用户模式中更改聚簇
DROP ANY CLUSTER	在任何用户模式中删除聚簇
CREATE ANY INDEX	在数据库中任何表上创建索引
ALTER ANY INDEX	在任何模式中更改索引
DROP ANY INDEX	在任何模式中删除索引
CREATE ANY PROCEDURE	在任何模式中创建存储过程
ALTER ANY PROCEDURE	在任何模式中更改存储过程
DROP ANY PROCEDURE	在任何模式中删除存储过程
EXECUTE ANY PROCEDUE	在任何模式中执行或者引用存储过程
GRANT ANY PRIVILEGE	将数据库中任何权限授予任何用户
ALTER ANY ROLE	修改数据库中任何角色
DROP ANY ROLE	删除数据库中任何角色
GRANT ANY ROLE	允许用户将数据库中任何角色授予数据库中其他用户
CREATE ANY SEQUENCE	在任何模式中创建序列
ALTER ANY SEQUENCE	在任何模式中更改序列
DROP ANY SEQUENCE	在任何模式中删除序列
SELECT ANY SEQUENCE	允许使用任何模式中的序列
CREATE ANY TABLE	在任何模式中创建表

(续表)

系统权限	功能
ALTER ANY TABLE	在任何模式中更改表
DROP ANY TABLE	允许删除任何用户模式中的表
COMMENT ANY TABLE	在任何模式中为任何表、视图或者列添加注释
SELECT ANY TABLE	查询任何用户模式中基本表的记录
INSERT ANY TABLE	允许向任何用户模式中的表插入新记录
UPDATE ANY TABLE	允许修改任何用户模式中表的记录
DELETE ANY TABLE	允许删除任何用户模式中表的记录
LOCK ANY TABLE	对任何用户模式中的表加锁
FLASHBACK ANY TABLE	允许使用 AS OF 子句对任何模式中的表、视图执行一个 SQL 语句的闪回查询
CREATE ANY VIEW	在任何用户模式中创建视图
DROP ANY VIEW	在任何用户模式中删除视图
CREATE ANY TRIGGER	在任何用户模式中创建触发器
ALTER ANY TRIGGER	在任何用户模式中更改触发器
DROP ANY TRIGGER	在任何用户模式中删除触发器
ADMINISTER DATABASE TRIGGER	允许创建 ON DATABASE 触发器。在能够创建 ON DATABASE 触发器之前,还必须先拥有 CREATE TRIGGER 或 CREATE ANY TRIGGER 权限
CREATE ANY SYNONYM	在任何用户模式中创建专用同义词
DROP ANY SYNONYM	在任何用户模式中删除同义词

系统权限举例:

```
SQL> grant alter any procedure,alter any trigger,alter any table,
execute any procedure to scott;
```

9.2.3 对象权限

对象权限是指用户可以对特定对象(如表、视图、序列、存储过程、函数或程序包)执行特定的操作。在没有特定权限的情况下,用户只能访问他们自己拥有的对象。对象权限可以由对象的所有者或管理员授予,也可以由显式授予了对象权限的用户授予。例如,用户可以存取某个用户模式中的某个对象,并能对该对象进行查询、插入、更新等操作,实战时带 on 关键字。

与对象权限相关的数据字典为 all_tables。例如：select owner,table_name from all_tables；

对象权限的分类：

```
select, update, insert, alter, index, delete, all
```

对象权限的授予：

```
SQL> grant select on scott.emp to user3;
SQL> grant select on scott.emp to u2;
```

对象权限的回收：

```
SQL> revoke select on scott.emp from user1;
```

【思考】 以下例子授予的权限为系统权限还是对象权限？
- SQL>grant select，update，insert on scott.emp to u2；
- SQL>grant all on scott.emp to u2；

9.3 角色

数据库中的权限较多，为了方便对用户权限的管理，Oracle 数据库允许将一组相关的权限授予某个角色，然后再将这个角色授予需要的用户，拥有该角色的用户将拥有该角色包含的所有权限。Oracle 中角色分为两种：系统预定义角色和用户自定义角色。系统预定义角色见表 9-3。

表 9-3 系统预定义角色

角色名	权限说明
CONNECT	ALTER SESSION,CREATE CLUSTER,CREATE DATABASE LINK,CREATE SEQUENCE,CREATE SESSION,CREATE SYNONYM,CREATE VIEW,CREATE TABLE
RESOURCE	CREATE CLUSTER,CREATE TYPE,CREATE OPERATOR, CREATE PROCEDURE,CREATE SEQUENCE,CREATE TABLE, CREATE TRIGGER
DBA	拥有所有权限
EXP_FULL_DATABASE	SELECT ANY TABLE，BACKUP ANY TABLE，EXECUTE ANY PROCEDURE,EXECUTE ANY TYPE,ADMINISTER. RESOURCE MANAGER,SYS. INCVID,SYS. INCFIL,SYS. INCEXP 表的 INSERT，DELETE，UPDATE； 包括角色：EXECUTE_CATALOG_ROLE,SELECT_CATALOG_ROLE

(续表)

角色名	权限说明
IMP_FULL_DATABASE	执行全数据库导出所需要的权限,包括系统权限列表(DBA_SYS_PRIVS)和下面角色: EXECUTE_CATALOG_ROLE,SELECT_CATALOG_ROLE
DELETE_CATALOG_ROLE	删除权限
SELECT_CATALOG_ROLE	在所有表和视图上有 SELECT 权(见 HS_ADMIN_ROLE)

1. 创建和修改角色

(1) 创建角色

语法格式:

```
create role role_name  identified by 密码;
```

【例 9-5】 创建一个新的角色 role3,它只能创建用户,不能执行其他 DBA 级命令,将 role3 授予 user2。

```
SQL> create role role3;
SQL> grant create session,create user,alter user to role3;
SQL> grant role3 to user2;
```

【例 9-6】 创建一个公用角色 mar,将密码设置为:123456。

```
SQL> create role C##mar  identified by 123456;
```

(2) 修改角色

使用 alter role 语句修改角色。

语法格式:

```
alter role <角色名>
[not identified]
  [identified {by <密码> |externally|globally}];
```

alter role 语句中的含义与 create role 语句中的含义相同。

【例 9-7】 将公用角色 mar 的密码修改为 1234。

```
SQL> alter role C##mar  identified by 1234;
```

(3) 授予角色权限和收回权限

当角色被建立后,没有任何权限,可以使用 grant 语句给角色授予权限,同时可以使用 revoke 语句收回角色的权限。角色权限的授予与收回和用户权限的语法相同。

【例 9-8】 授予公用角色 mar 在任何模式中创建表和视图的权限。

```
SQL> grant create any table, create any view  to C## mar;
```

【例 9-9】 取消公用角色 mar1 的 create any view 权限。

```
SQL> revoke create any view
   from C## mar1;
```

可以通过查询以下数据字典或动态性能视图获得数据库角色的相关信息。
- DBA_ROLES：数据库中的所有角色及其描述；
- DBA_ROLES_PRIVS：授予用户和角色的角色信息；
- DBA_SYS_PRIVS：授予用户和角色的系统权限；
- USER_ROLE_PRIVS：为当前用户授予的角色信息；
- ROLE_ROLE_PRIVS：授予角色；
- ROLE_SYS_PRIVS：授予角色的系统权限信息；
- ROLE_TAB_PRIVS：授予角色的对象权限信息；
- SESSION_PRIVS：当前会话所具有的系统权限信息；
- SESSION_ROLES：用户当前授权的角色信息。

【例 9-10】 查询公用角色 mar1 所具有的系统权限信息。

```
SQL> select * from role_sys_privs
   where role like 'mar1% ';
```

9.4　概要文件

9.4.1　概要文件的概念

为了限制数据库用户对数据库系统资源的使用，在安装数据库时，Oracle 自动创建了名为 default 的概要文件，即管理资源配置和密码限制的文件，如果在创建用户时没有为用户指定概要文件，则 Oracle 会为该用户自动配置 default 概要文件。数据库管理员可以先对用户分组，按照每组不同的权限，建立不同的概要文件。概要文件的实质是限制，限制资源的配置和密码的管理，概要文件通过 DDL 命令 create user 或者 alter user 作用于用户，但不作用于角色。系统管理员可以创建概要文件，并通过 alter user 命令将概要文件关联用户。

1. 概要文件创建的前提

利用 profile 来分配资源限额时，需要通过 alter system set resource_limit=true scope

=both 命令打开系统的 resource_limit 权限。

2. 概要文件的基本概念

概要文件是 Oracle 安全策略的重要组成部分,利用概要文件可以对数据库用户进行基本的资源限制,并且可以对用户的口令进行管理。

3. 概要文件的内容

概要文件主要包括对密码的管理和对系统资源的管理。密码的管理:密码有效期、密码复杂度验证、密码使用历史、账号锁定等;资源的管理:CPU 时间、空闲时间、连接时间、可以使用的内存空间、允许并发会话数等。

4. 概要文件的作用

- 限制用户对数据库和系统资源的使用。
- 限制用户进行一些过于消耗资源的操作。
- 当用户发呆时间太长时,能确保用户释放数据库资源,断开连接。
- 使同一类用户都使用相同的资源限制。
- 能够很容易地给用户定义资源限制。
- 对用户密码进行管理。

5. 概要文件的特点

- 概要文件只能指定给用户,不能指定给角色。
- 如果创建用户的时候没有指定概要文件,Oracle 将自动为它指定默认概要文件。

9.4.2 创建概要文件

使用 create profile 命令创建概要文件,语法格式为:

```
create profile  概要文件名  limit
resource_parameters|password_parameters
```

说明:
- resource_parameters:对一个用户指定资源限制的参数。
- password_parameters:口令参数。

(1) 概要文件的参数可以分为两类:资源类和密码类

① 资源类
- connect_time:指定一个会话能保持连接到数据库的总时间。
- cpu_per_call:限制事务内每个调用使用 CPU 的时间。
- cpu_per_sessin:限制每个会话内使用 CPU 的时间。
- sessions_per_time:限制用户可以并发打开的最大会话数。
- idle_time:限制用户的最大空闲时间。
- logical_reads_per_session:限制数据块读取的总数目。
- logical_reads_per_call:限制每个会话调用的总的逻辑读取数。

• private_sga：指定一个在 SGA 共享池组件中分配的空间限额（仅适用于共享服务器）。
• composite_limit：对资源设置使用一个总的限制。Oracle 考虑用四个参数来计算加权的 composite_limit，分别为：cpu_per_session、logical_reads_per_sessions、connect_time、private_sga，可以使用 alter resource cost 来设置。

② 密码类

• failed_login_attempts：指用户被锁之前可以尝试的最大登录数。
• password_life_time：指定使用特定密码的时间限制，如果超出此时间间隔，那么密码将过期。
• password_grace_time：设置一个时间段，在此时间段内将发出一个密码过期警告。
• password_lock_time：设置用户被锁定的天数，过了此天数，用户将自行解锁。
• password_reuse_time：指定重新使用密码要经过多少天。
• password_reuse_max：指定重新使用某个特定密码前，要经过多少次修改。
• passwrod_verify_function：此参数允许指定 Oracle 提供的密码验证函数来建立自动密码验证。

（2）用 create profile 命令创建概要文件的参数举例

① failed_login_attempts　次数 | unlimited | default
　　/*在锁定用户账户之前登录用户账户的失败次数。*/
② password_life_time　次数 | unlimited | default
　　/*限制同一口令可用于验证的次数*/
③ password_lock_time expression | unlimited | default
　　/*指定次数的登录失败而引起的账户封锁的天数*/
④ password_reuse_max expression | unlimited | default
　　/*规定当前口令被重新使用前需要更改口令的次数/
⑤ sessions_per_user
　　/*限制每个用户所允许建立的最大并发会话数目，达到这个数目后，用户不能再建立任何连接*/
⑥ connect_time
　　/*限制每个会话能连接到数据库最长时间，达到此时间后会话将自动断开，以分钟为单位。*/
⑦ idle_time
　　/*限制每个会话所允许的最大连续空闲时间*/

【例 9-11】 创建一个概要文件 p1，限定在锁定用户账户之前登录用户账户的失败次数为 3 次，超过 3 次后引起账户封锁的天数为 7 天，用户可以把它提供给用户 user1 使用。

```
SQL> create profile P1 limit
  failed_login_attempts 3
  password_lock_time 7;
SQL> alter user user1 profile p1;/*将概要文件分配给用户*/
```

分析:通过 alter user user1 profile p1 将概要文件和用户相关联,从而设置对系统资源和用户密码的限制,概要文件不是角色,不可以通过 grant 命令授权给用户。

【例 9-12】 创建一个概要文件,主要内容是限制用户 user1 登录账户的失败次数最多为 3 次,并且设置锁定的时间为 15 天。

```
SQL> create profile  pf2 limit
    failed_login_attempts 3
    password_lock_time 15;
SQL> alter user user1   profile pf2;/*修改用户 user1 的概要文件 */
```

Oracle 数据库系统在实现数据库安全性管理方面采取的基本措施有:用户管理、权限管理、角色管理、表空间设置、配额/概要文件管理等几个方面。通过验证用户名称和口令,防止非 Oracle 用户注册到 Oracle 数据库,在用户管理中注重配额和密码过期及概要文件的管理。权限分为两种,对象权限和系统权限,通过权限管理或角色管理,如授予用户 connect 或 resource 等权限,限制用户操纵数据库的权力。授予用户对数据库实体(如表、表空间、存储过程等)的存取执行权限,阻止用户访问非授权数据。另外提供数据库实体存取审计机制,使数据库管理员可以监视数据库中数据的存取情况和系统资源的使用情况。采用视图机制,限制存取基表的行、列集合等。

9.5 习题

一、简答题:

1. 简述 Oracle 数据库概要文件的作用。
2. 列举概要文件中对口令管理限制的参数和对系统资源限制的参数及其含义。
3. 创建用户 u1,授予一定的权限给角色 s1,并创建概要文件 p1,将 p1 限制与用户 u1 关联。(该题包含多组概念,需要用不同的语句实现)。

第10章 Oracle 备份和恢复

> **本章重点：**
> - 掌握 Oracle 恢复和备份的概念。
> - 掌握 Oracle 的逻辑备份，以数据泵备份和恢复为主。
> - Oracle 备份的分类：Oracle 冷备份和热备份，以及数据库的恢复。
> - 逻辑备份 IMP/EXP 的应用，逻辑备份 IMPDP 和 EXPDP 的应用。
> - 熟悉 Oracle 数据字典的作用。

10.1 Oracle 备份与恢复概要

备份即保存数据库的副本以便数据库被破坏后的数据恢复，即数据库备份是手段，恢复数据是目的，本章主要介绍分布式数据库 Oracle 的备份和恢复。

10.1.1 Oracle 数据库备份分类

数据库备份就是将数据库的内容全部复制出来保存到计算机的另一个位置或者其他存储设备上。Oracle 中的数据备份分为物理备份和逻辑备份两种。

物理备份：是将实际组成数据库的操作系统文件从一处拷贝到另一处的备份过程，对应数据库的体系结构，物理备份备份的是数据库的物理结构，主要以数据文件.dbf 和日志文件.log 为主。物理备份只指通常所说的归档模式备份（又叫热备份）和非归档模式备份（又叫冷备份）。归档模式备份是当数据库的模式被设置成归档模式时对数据库进行的备份，非归档模式备份是当数据库的模式被设置成非归档模式时对数据库的备份。物理备份不具备移植性，备份环境和恢复环境必须是完全相同的，由于物理备份是对数据库的文件(Block)进行备份，其备份和恢复速度相对比较快，在大型业务系统中较多地使用物理备份。

逻辑备份：一种对象级备份的方案，将数据库逻辑对象的结构和数据导出为.dmp 二进制文件，对数据库的逻辑对象（如表等）利用 EXP 或者数据泵 EXPDP 等工具进行导出，再利用 IMP 或者 IMPDP 等工具把逻辑备份文件导入到数据库。数据库的逻辑备份可以恢复到不同版本不同平台的数据库上。逻辑备份使用导入导出工具：EXPDP/IMPDP（数据泵导入导出）或 EXP/IMP（普通导入导出）。

逻辑备份是通过逻辑手段记录要备份的数据库对象的信息，逻辑备份是对象级的备份，因此备份和恢复的效率比较低，对于大型系统，采用逻辑备份的恢复时间长，但对于经常使用到的部分少量用户数据，采用逻辑备份还是方便的，可移植性好。

10.1.2 Oracle 数据库备份方式比较

备份方式的优缺点及使用时机的比较如表 10-1 所示。通常所说的冷备份和热备份都是针对物理备份而言。

表 10-1 逻辑备份和物理备份的比较

	逻辑备份	物理备份	
		冷备份 (nonarchive style)	热备份 (archive style)
优点	能够针对行对象进行备份，能够跨平台实施备份操作并迁移数据，数据库可以不关闭。	备份和恢复迅速，容易达成低维护、高安全的效果，执行效率高。	（理论上）可以根据日志回溯上一秒的操作，备份恢复更为精确，而且不需要关闭数据库。
缺点	导出方式并不能保证介质失效，它仅仅是逻辑上的备份。	单独使用时，只能提供到某一时间点上的恢复，不能按表和按用户恢复，而且必须关闭数据库。	过程较其他方式复杂，需要较大空间存放归档文件，操作不允许失误，否则恢复不能进行。
使用时机	一般用于有规律的日常备份。	数据库可以暂时关闭，或者需要和热备份配合使用。	数据访问量小，或需要实现表空间及数据库文件级的备份，或需要更高精确备份时。

说明：rman 备份是一种物理备份，不是逻辑备份，可以用 rman 来备份数据文件、控制文件、参数文件、归档日志文件等物理文件。

10.1.3 Oracle 数据库恢复

数据库恢复就是把从数据库中备份出来的数据重新还原给原来的数据库，数据库的恢复技术分为完全恢复和不完全恢复两种。完全恢复是指把数据库恢复到数据库失败时的状态；不完全恢复是指将数据库恢复到数据库失败前的某一时刻的状态。数据库恢复也分为物理恢复和逻辑恢复。物理恢复就是把从数据库中备份的文件重新复制到原来的数据库中；逻辑恢复就是把从数据库中导出的数据再导入到原来的数据库。

10.2 Oracle 物理备份

10.2.1 Oracle 物理备份之冷备份

如表 10-1 所示，根据是否在数据库启动状态下进行备份，将物理备份分为冷备份和热备份。

冷备份：在数据库关闭（shutdown）状态下，将 Oracle 数据库相关文件拷贝到备份目录。

热备份：在数据库打开（open）状态下，发起备份，拷贝相关文件到备份目录下，备份结束后，归档文件也需要一起拷贝。

rman 备份：在数据库打开（open）状态下，当发起 backup full database 命令时，Oracle 自动拷贝相关文件到备份目录。当发起归档日志备份时，Oracle 也会自动拷贝归档文件到备份目录，通过命令 delete all input，可将已经备份过的归档日志自动删除。

1. 物理备份之冷备份步骤

当数据库可以暂时处于关闭状态时，我们需要将它在这一稳定时刻的物理文件转移到安全的区域，当数据库遭到破坏时，再从安全区域将备份的数据库相关文件拷贝回原来的位置，这样就完成了一次快捷、安全的数据备份和恢复。由于是在数据库不提供服务的关闭状态下，所以称为冷备份。

一次完整的冷备份步骤：

（1）首先关闭数据库（shutdown normal）。

（2）拷贝相关文件到安全区域（利用操作系统命令拷贝数据库的所有数据文件、日志文件、控制文件、参数文件、口令文件等，注意备份的物理文件的路径也需要备份，以备恢复时复制到对应路径）。

（3）重新启动数据库（startup）时，要求新数据库版本和物理结构中相关的物理文件位置与拷贝前一致。

2. Oracle 物理备份之冷备份实战

Oracle 数据库进行冷备份。

（1）冷备份

```
SQL>connect database;
SQL>connect sys/test as sysdba;
SQL>shutdown database   immediate;
-- copy data file
SQL>host xcopy d:\oracle\product\10.2.0\oradata\orcl\*.dbf d:\dbbakup;
-- 对应物理文件存放的路径
```

```
-- copy control file
SQL>host xcopy d:\oracle\product\10.2.0\oradata\orcl\*.ctl d:\
dbbakup;
-- copy log file
SQL>host xcopy d:\oracle\product\10.2.0\oradata\orcl\*.log d:\
dbbakup;
-- startup database
startup;
```

注意:要备份所有的数据文件,将以上代码拷贝到记事本中保存为*.sqls即为冷备份脚本。其中控制文件(*.ctl)、数据文件(*.dbf)、日志文件(*.log)的路径依各自的路径修改,"d:\dbbakup"为备份路径,可自行修改。

3. Oracle 物理备份之冷备份恢复实战

注意:把备份的文件拷贝到另一台机器上(确保与备份机器安装的是同一版本的 Oracle,并且安装目录相同)。

恢复步骤:

(1) 以 dba 身份连接数据库 conn sys/test as sysdba。

(2) 关闭数据库 shutdown immediate。

(3) 把备份的文件手工逆拷贝到对应的 Oracle 目录中。

(4) 启动数据库 startup normal。

说明:

• 以上脚本是在数据库关闭状态下恢复数据库所有的数据文件、联机日志、控制文件(在同一个目录下),如果成功恢复,所有文件是一致的。

• 没有恢复参数文件,参数文件可以另外恢复,只需要在改变设置后再恢复一次。

• 如果以上命令没有依次执行成功,那么恢复将是无效的,如连接数据库不成功,则关闭数据库也不会成功,那么恢复无效。

10.2.2 Oracle 物理备份之热备份

1. 修改数据库归档状态

当需要做一个精度比较高的备份时,可以在数据库不关闭状态下进行备份,即热备份。热备份可以非常精确地备份表空间级和用户级的数据,由于它是根据归档日志的时间轴来备份恢复的,理论上可以恢复到前一个操作,甚至是前一秒的操作。具体步骤如下:

通过视图 v$database,查看数据库是否在 archive 模式下:

```
SQL>select log_mode from v$database;
```

如果不在 archive 模式下,则设定数据库运行于 archive 模式:

```
SQL>shutdown immediate;
SQL>startup mount;
SQL>alter database archivelog;
SQL>alter database open;
```

2. 物理备份/恢复表空间 ts1

(1) 备份表空间 ts1

- alter database open;--改变数据库的状态为 open。
- alter tablespace ts1 begin backup;--开始备份表空间。
- 打开 oradata 文件夹(一般数据库对象存放在该文件夹),把文件复制到磁盘中的另一个文件夹或其他磁盘上。
- alter tablespace ts1 end backup;--结束表空间备份。

(2) 恢复表空间中的数据文件

- 对当前日志进行归档并切换日志文件。命令如下:alter system archive log current;alter system switch logfile。
- 关闭数据库服务。为防止表空间中的数据文件丢失,先把数据库关闭,然后再删除 ts1 表空间中的数据文件 testone.dbf。关闭数据库命令:shutdown immediate。
- 删除数据文件并重新启动数据库。删除数据文件首先要找到存放数据文件的位置,在默认情况下,数据文件会存放在数据库的 oradata 文件夹下。启动数据库 startup 会有错误提示——丢失数据文件。
- 将数据文件设置成脱机状态并删除。在恢复数据文件之前,需要先把数据文件设置成脱机状态 offline,并删除该文件 alter database datafile 10 offline drop。
- 将数据库设置成 open 状态。命令:alter database open;恢复数据文件命令:recover datafile 10 auto。
- 设置数据文件为联机状态。在恢复数据库后,还需要把数据文件设置成联机状态:alter database datafile 10 online

至此,完成了数据文件的恢复操作,可以重启数据库验证是否恢复成功。

注意:当数据库处在 archive 模式下时,一定要保证有指定的归档路径可写,否则数据库就会挂起,直到能够归档所有归档信息后才可以使用。另外,为创建一个有效的备份,当数据库创建时,必须履行一个全数据库的冷备份,就是说数据库需要运行在归档模式,然后正常关闭数据库,备份所有的数据库组成文件。这一备份是整个备份的基础,因为该备份提供了一个所有数据库文件的拷贝,体现了冷备份与热备份的合作关系,以及强大的能力。

10.3 Oracle 逻辑备份

10.3.1 Oracle 逻辑备份之 EXP/IMP

EXP 和 IMP 是客户端工具程序，它们既可以在客户端使用，也可以在服务端使用。EXPDP 和 IMPDP 是服务端工具程序，它们只能在 Oracle 服务端使用，不能在客户端使用。IMP 只适用于 EXP 导出的文件，不适用于 EXPDP 导出的文件；IMPDP 只适用于 EXPDP 导出的文件，不适用于 EXP 导出的文件。EXPDP/IMPDP（数据泵导入/导出）或 EXP/IMP（普通导入/导出）为成对出现，不可以混用。

1. EXP/IMP 导出/导入方式
- 表方式(T)：可以将指定的表导出备份。
- 用户方式(U)：可以将指定用户相应的所有数据对象导出。
- 全库方式(full)：可以将数据库中的所有对象导出。

2. EXP/IMP 导出/导入语法格式

```
$imp help= y
```

查看 IMP 的基本语法格式。

3. EXP/IMP 实战

一般导出需要在黑屏状态下进行，如将 scott 用户下的 dept 和 emp 表导入到 system 用户。步骤如下：

（1）导出表：

```
运行->sqlplus scott/test;
SQL>$exp scott/test tables=(dept, emp) file=c:\deptemp.dmp;
--导入时请用 system 用户登录
SQL>conn system/test;
SQL>show user;
SQL>$imp system/test tables=(dept, emp) file=c:\deptemp.dmp;
```

同理可以将 hr 用户下的 employees 表导入到 system 用户下，即将实战用的表全部导入到常用用户下，方便实战。注意导入/导出时的问题通常出现在导出上，导出时需要确保当前导出用户下有该表。

（2）导出方案：

```
SQL>$exp system/test owner=scott file=d:\scott.dmp;
```

(3) 导出数据库：

```
SQL>$exp system/test file=d:\system.dmp full=y;
```

(4) 导入表：

```
SQL>$imp system/test tables=(dept,emp) file=d:\deptemp.dmp;
```

(5) 导入方案：

```
SQL>drop user scott;
SQL>create user scott identified by tiger;
SQL>grant dba to scott;
SQL>$imp scott/test file=d:\scott.dmp;
SQL>$imp system/test file=d:\scott.dmp owner=scott;
```

(6) 导入数据库：

```
SQL>$imp system/oracle file=d:\system.dmp full=y;
```

在导入/导出备份方式中，提供了一种很强大的方法，就是增量导入/导出，但是它必须作为 system 来完成增量的导入/导出，而且只能对整个数据库实施。增量导出可以分为三种类别，为了方便检索，建议将备份文件以日期或者其他有明确含义的字符命名。

(1) 完全增量导出（complete export）：把整个数据库文件导出备份，exp system/manager inctype=complete file=2022101701.dmp。

(2) 增量型增量导出（incremental export）：只会备份上一次备份后改变的结果，exp system/manager inctype=incremental file=2022101702.dmp。

(3) 累积型增量导出（cumulate export）：导出自上次完全增量导出后数据库变化的信息，exp system/manager inctype=cumulative file=2022101703.dmp。

10.3.2　Oracle 逻辑备份之 EXPDP/IMPDP

```
SQL>$impdp help=y
```

数据泵导入实用程序提供了一种在 Oracle 数据库之间传输数据对象的机制。该实用程序可以使用以下命令进行调用：

示例：impdp scott/test directory=dmpdir dumpfile=scott.dmp

1. 逻辑备份之 EXPDP/IMPDP 的方式

数据泵（data dump）导出/导入包括 4 种方式：导出表、导出方案、导出表空间、导出数据库。

- 全库模式：导入或导出整个数据库，对应 IMPDP/EXPDP 命令中的 full 参数，只有拥有 dba 或者 exp_full_database 和 imp_full_database 权限的用户才能执行。
- schema 模式：导出或导入 schema 下的自有对象，对应 IMPDP/EXPDP 命令中的 schema 参数，这是默认的操作模式。如果用拥有 dba 或者 exp_full_database 和 imp_full_database 权限的用户执行的话，可以导出或导入多个 schema 中的对象。
- 表模式：导出指定的表或者表分区（如果有分区的话）以及依赖该表的对象（如该表的索引、约束等，不过前提是这些对象在同一个 schema 中，或者执行的用户有相应的权限），对应 IMPDP/EXPDP 命令中的 table 参数。
- 表空间模式：导出指定表空间中的内容，对应 IMPDP/EXPDP 中的 tablespaces 参数，这种模式类似于表模式和 schema 模式的补充。
- 传输表空间模式：对应 IMPDP/EXPDP 中的 transport_tablespaces 参数。这种模式与前面几种模式最显著的区别是生成的 dump 文件中并不包含具体的逻辑数据，而只包含相关对象的元数据（即对象的定义，可以理解成表的创建语句），逻辑数据仍然在表空间的数据文件中，导出时需要将元数据和数据文件同时复制到目标端服务器。

2. 逻辑备份之 EXPDP/IMPDP 语法格式

```
$impdp help=y
```

请读者自行查看 expdp 的基本语法格式和参数。读到该篇的读者应该早已具备了该理论能力。

3. 逻辑备份之 EXPDP/IMPDP 实战

准备工作：

```
SQL>conn system/test;
SQL>alter user scott account unlock identified by test;
```

（1）创建目录：

```
SQL> create directory d as 'e:\d';
```

（2）给 scott 用户授予读写目录的权限：

```
SQL> grant read,write on directory d to scott;
```

（3）授予 scott 用户导入和导出权限：

```
SQL> grant resource to scott;
```

（4）用 scott 用户连接数据库：

```
SQL> conn scott/test;
```

(5) 导出/导入表：

```
SQL>$expdp scott/test directory=d dumpfile=tab.dmp tables=(dept,emp);
SQL>$impdp system/test directory=d dumpfile=tab.dmp tables=(dept,emp);
```

(6) 导出/导入方案：

```
SQL>$expdp scott/test directory=d dumpfile=schemascott.dmp schemas=scott;
SQL>drop user scott;
SQL>create user scott identified by tiger;
SQL>grant resource to scott;
SQL>$impdp scott/test directory=d dumpfile=schemascott.dmp schemas=scott;
```

(7) 导出/导入表空间：

```
SQL>$expdp system/test directory=d dumpfile=tablespaceusers.dmp tablespaces=users;
SQL> $impdp system/test directory=d dumpfile=tablespaceusers.dmp tablespaces=users;
```

(8) 导出/导入数据库：

```
SQL>$expdp system/test directory=d dumpfile=database.dmp full=y
SQL>$impdp system/test directory=d dumpfile=database.dmp full=y
```

10.4 习题

一、简答题：

1. 简述数据库物理备份和逻辑备份的必要性。
2. 简述数据库备份的分类。
3. 物理备份和逻辑备份的主要区别是什么？
4. 请举例说明数据库的各种备份。
5. 简述 Oracle 数据库热备份的方法和步骤。

第五篇

综合实战篇

第 11 章 Oracle blob 类型图片的存储与读取

> **本章重点:**
> - 了解大对象型数据的存储和综合应用。
> - 掌握大对象型数据的存储和显示实战。
> - 掌握通过存储过程的形式,存储和显示大对象型数据。

11.1 Oracle blob 类型

11.1.1 Oracle blob 类型图片的存储和读取效果

1. jsp 读取分布式数据库 Oracle blob 类型图片效果 1

Oracle blob 类型图片的存储和读取效果如图 11-1、图 11-2 所示。

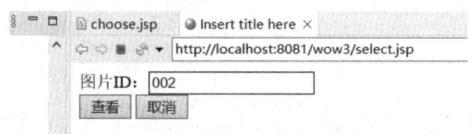

图 11-1　jsp 界面查询方式 1

点击"查看"后便会跳转页面显示 id 号为输入框内数值的图片,如图 11-2 所示。

图 11-2　jsp 界面查询方式 1 结果

2. jsp 读取分布式数据库 Oracle blob 类型图片效果 2

显示图片 id 与 blob 类型数据,点击"查看"按钮,在弹出的对话框中点击"确定"按钮,便会跳转到该图片显示页面,如图 11-3 和图 11-4 所示。

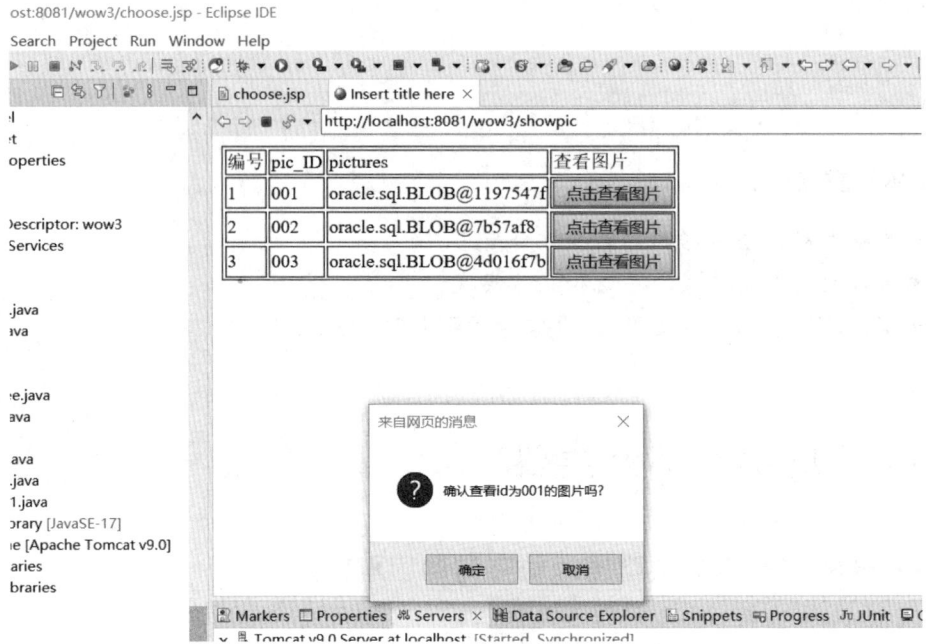

图 11-3　jsp 界面查询方式 2

图 11-4　jsp 界面查询方式 2 结果

11.2 存储过程在 PL/SQL developer 中实现

11.2.1 通过在命令窗口编写 PL/SQL 语言实现

通过写一个 procedure 来实现存储图片。

1. 创建表

```
create table image_lob(t_id varchar2(5) not null,t_image blob not null);
```

2. 创建目录

```
create or replace directory "image" as 'E:\Apicture\';
```

3. 创建存储过程

创建存储过程的目的是向数据库中添加图片，如图 11-5 所示。

```
create or replace procedure img_insert(tid varchar2, filename varchar2) as
  f_lob bfile;
  b_lob blob;
begin
  insert into image_lob
    (t_id, t_image)
  values
    (tid, empty_blob()) return t_image into b_lob;
  f_lob :=bfilename('IMAGE', filename);
  dbms_lob.fileopen(f_lob, dbms_lob.file_readonly);
  dbms_lob.loadfromfile(b_lob, f_lob, dbms_lob.getlength(f_lob));
  dbms_lob.fileclose(f_lob);
  commit;
end;
```

4. 执行并查看

```
begin
  img_insert('001;,'1.jpg');
end;
```

图 11-5　添加图片

11.2.2　直接在可视化界面中存储图片到数据库表 xs 中

选择 PL/SQL 工具栏上的 Find Database Objects，弹出其对话框，在 Text to find 文本框中填写需要查找的表名 xs，单击"Search"按钮，如图 11-6 所示。选择 xs 表后，单击右键，选择"Edit"，如图 11-7 所示，添加 ZP（BLOB）类型列，如图 11-8 所示，保存对表结构的修改后，重新在 Find Database Objects 对话框中选择 xs 表，单击右键，选择"Edit data"，添加表的具体数据，如图 11-9 所示。注意 Edit 是编辑表的结构，Edit data 是表结构修改后，编辑表的数据，即记录，本例先添加每条记录的 ZP（BLOB）列，然后在每条记录的 ZP 列上存储相应照片。在图 11-10 中选择 xs 表 ZP<BLOB>右边的"..."，打开如图 11-11 所示界面，用于存储当前记录的 BLOB 类型数据，本例是图片，所以选择 img 格式，然后打开机器中的图片，使图片真正存储到数据库的 xs 表中，此时，图片真正存储到数据库中，与原图片已无关，如原图片删除，数据库中依然有该图片数据，如图 11-12 所示。

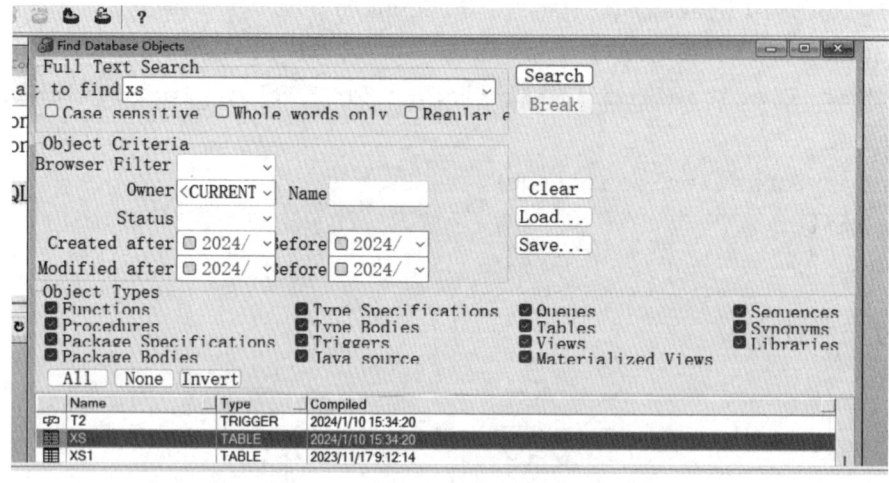

图 11-6　查找用于添加 blob 列的 xs 表

第 11 章 Oracle blob 类型图片的存储与读取

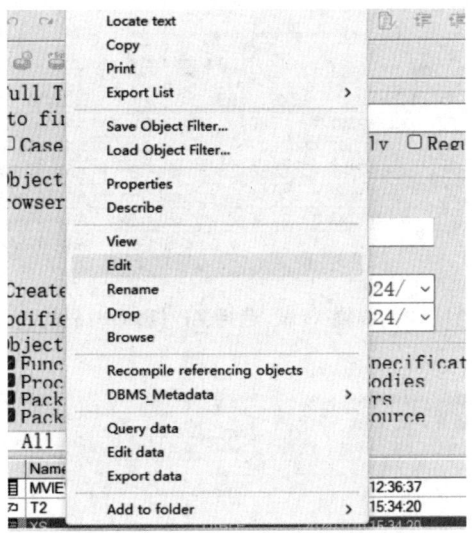

图 11-7 选择 xs 表,单击右键,选择 edit

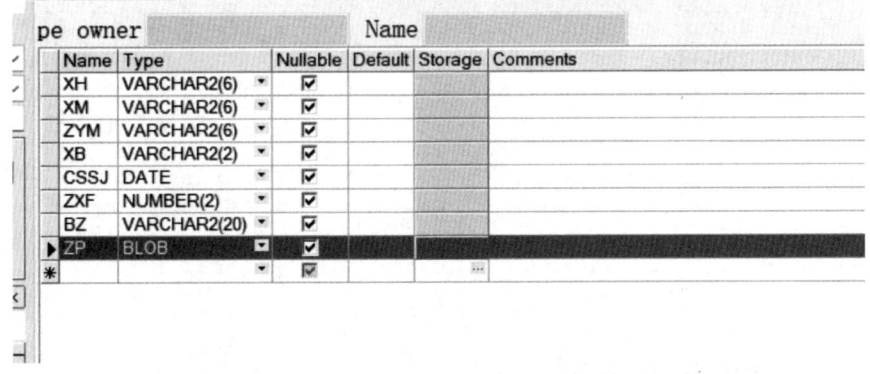

图 11-8 xs 表中,添加 ZP(BLOB)类型列后保存

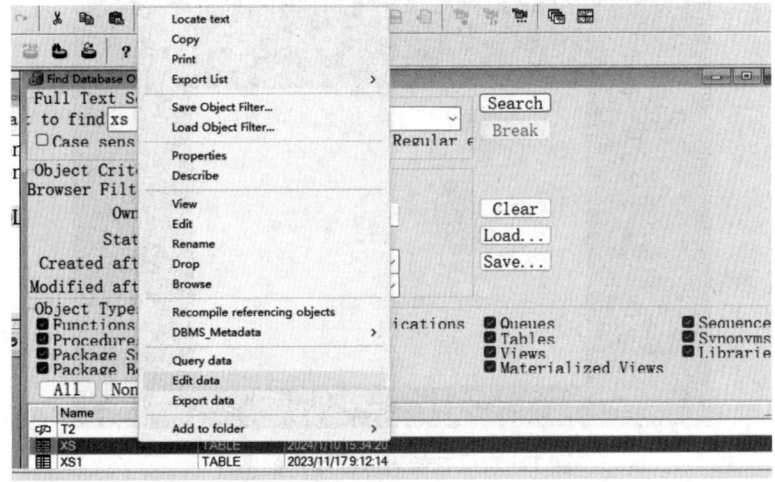

图 11-9 选择 xs 表,单击右键,选择"Edit data"

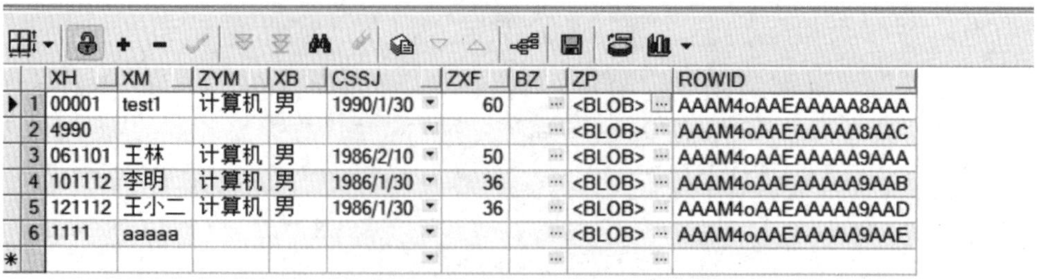

图 11-10 编辑 xs 表,选择 ZP (BLOB)后的"..."

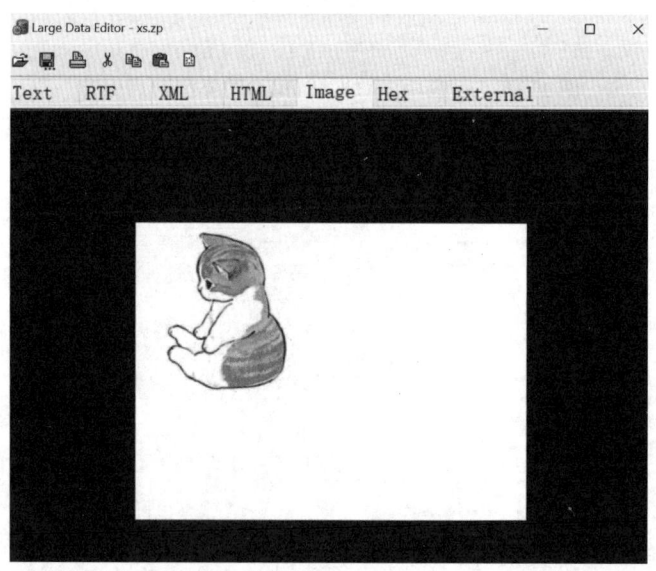

图 11-11 打开 BLOB 类型后界面

图 11-12 存储到数据库中的图片

11.3 eclipse 连接 Oracle 并在 jsp 页面中显示

11.3.1 建文件,写 Picture 类

项目目录如图 11-13 所示,Picture 类如图 11-14 所示。

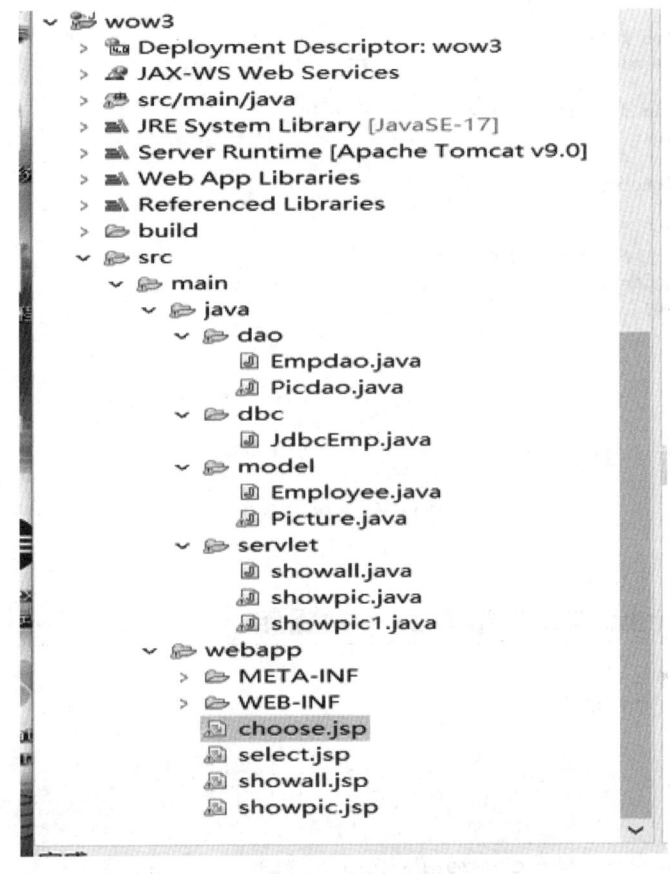

图 11-13 项目目录

```
 1  package model;
 2
 3  import java.awt.Window;
10
11  public class Picture {
12      private String pic_id;
13      private Blob pic;
14      public String getPic_id() {
15          return pic_id;
16      }
17      public void setPic_id(String pic_id) {
18          this.pic_id = pic_id;
19      }
20
21      public Blob getPic() {
22          return pic;
23      }
24      public void setPic(Blob pic) {
25          this.pic = pic;
26      }
27      public Picture() {}
28
29
30      public Picture(String a,Blob b)
31      {this.pic_id=a;
32      this.pic=b;
33      }
34
35  }
36
```

图 11-14　Picture 类

11.3.2　完善 jdbc 实现连接 Oracle 数据库

empdao.java 的主要代码：

```
public class jdbcemp{

public static void getconnection(string[] args) {
    resultset rs = null;
    statement stmt = null;
    connection conn = null;
    try {
     Class.forName("oracle.jdbc.driver.OracleDriver");
      //通过 Class 静态类中的 forName()方法加载数据库驱动
```

```
            conn=DriverManager.getConnection("jdbc:oracle:thin:@ 127.0.
0.1:1521:ORCL1", "system", "test");
    //建立连接,加载驱动类并在 DriverManager 类中注册后,即可以通过
getConnection()方法//发出请求连接,参数 1 是数据库的 URL 地址,参数 2 是用户
名,参数 3 是密码。
            stmt=conn.createStatement();
    //创建 statement 对象
            rs=stmt.executeQuery("select * from emp");
    //执行 executeQuery()方法,用于产生单个结果集。
            while(rs.next()) {
              System.out.println(rs.getString("empno"));
              System.out.println(rs.getInt("ename"));
            }
        } catch (ClassNotFoundException e) {
          e.printStackTrace();
        } catch (SQLException e) {
          e.printStackTrace();
        } finally {
          try {
            if(rs != null) {
              rs.close();
              rs=null;
            }
            if(stmt !=null) {
              stmt.close();
              stmt=null;
            }
            if(conn !=null) {
              conn.close();
              conn=null;
            }
          } catch (SQLException e) {
            e.printStackTrace();
          }
        }
    }
}
```

11.3.3 写 dao 包里面的 picdao 方法

具体代码如图 11-15 所示。

```java
public static void writeImg(OutputStream os, String id) throws Exception {
    Connection conn=null;
    PreparedStatement ps=null;
    ResultSet rs=null;
    try {
        conn = JdbcEmp.getConnection();
        //Statement stmt = con.createStatement();
        //ResultSet rs = stmt.executeQuery("select t_image from image_lob where t_id =?");
        //stmt.set(1, id);
        String sql="select t_image from image_lob where t_id =?";
        ps=conn.prepareStatement(sql);
        ps.setString(1, id);
        rs=ps.executeQuery();
        byte[] b = new byte[1024];
        if (rs.next()) {
            Blob blob = rs.getBlob(1);
            InputStream is = blob.getBinaryStream();
            int i = 0;
            while ((i = is.read(b)) != -1) {
                os.write(b, 0, i);
            }
            os.close();
            is.close();
        }
        JdbcEmp.free(rs, ps, conn);
    } catch (Exception e) {
        throw new Exception("显示全部数据失败");
    }
```

```java
public class Picdao {
    public ArrayList<Picture> showall() throws Exception{
        Connection conn=null;
        PreparedStatement ps=null;
        ResultSet rs=null;
        ArrayList<Picture> list=new ArrayList<Picture>();
        try {conn=JdbcEmp.getConnection();
            String sql="select * from image_lob";
            ps=conn.prepareStatement(sql);
            rs=ps.executeQuery();
            while(rs.next())
            {Picture us=new Picture(rs.getString(1),rs.getBlob(2));
             list.add(us);}
            return list;
        }catch (Exception e) {
            throw new Exception("显示全部数据失败");
        }finally {JdbcEmp.free(rs, ps, conn);}
```

图 11-15 与 dao 包里面的 picdao 方法

11.3.4 通过 servlet 实现方法

具体代码如图 11-16 所示。

```java
    */
    protected void doGet(HttpServletRequest request, HttpServletResponse response) throws ServletException, IOExceptio
        request.setCharacterEncoding("utf-8");
        response.setContentType("text/html;charset=utf-8");
        //PrintWriter out=response.getWriter();
        HttpSession session=request.getSession();

        try {ArrayList<Picture> ulist=new ArrayList<Picture>();
            Picdao usdao=new Picdao();
            ulist=usdao.showall();
            session.setAttribute("list", ulist);
            request.getRequestDispatcher("showpic.jsp").forward(request,response);


            //String script="<script>alert('全部数据如下');location.href='showpic.jsp'</script>";
            //out.print(script);
        } catch (Exception e) {
            // TODO Auto-generated catch block
            e.printStackTrace();
        }

    }
    */
    protected void doGet(HttpServletRequest request, HttpServletResponse response) throws ServletException, IOExceptio
        request.setCharacterEncoding("utf-8");
        response.setContentType("text/html;charset=utf-8");

        HttpSession session=request.getSession();

        try {
            String a=request.getParameter("userid");
            Picdao usdao=new Picdao();
            usdao.writeImg(response.getOutputStream(),a);
                //session.setAttribute("list",s);
                //String script="<script>alert('全部数据如下');location.href='hh.jsp'</script>";
            // out.print(script);
        //request.getRequestDispatcher("hh.jsp").forward(request,response);

        } catch (Exception e) {
            // TODO Auto-generated catch block
            e.printStackTrace();
        }

    }
    /**
```

图 11-16　通过 servlet 实现方法

11.3.5　jsp 中调用实现显示

具体代码如图 11-17 所示。

```jsp
    }
</script>
<body>
<% ArrayList<Picture> uslist=new  ArrayList<Picture>();
uslist=(ArrayList<Picture>)session.getAttribute("list");
%>

<table border="1">
<tr><td>编号</td><td>pic_ID</td><td>pictures</td><td>查看图片</td></tr>
<%for(int i=0;i<uslist.size();i++)
    {Picture pic=new Picture();
    pic=uslist.get(i);

%><tr><td><%=i+1 %></td>
    <td><%=pic.getPic_id()%></td>
    <td><%=pic.getPic()%></td>
    <td><input type="button" name="aa" value="点击查看图片" onClick="deletes('<%=pic.
</tr>
    <% }%>
</table>
</body>
</html>
```

图 11-17　调用界面

第12章 基于 Oracle 存储过程的员工信息管理系统

> **本章重点：**
> - 了解 Oracle 存储过程的外部调用系统的综合应用。
> - 掌握实战时灵活应用存储过程和游标等处理实际问题的方法。

12.1 系统安装要求

12.1.1 系统硬件要求

硬件配置要求：标准配置：CPU 3.0 GHz 及以上，内存 2.0 GB 及以上。

软件环境要求：操作系统 Win2000/XP/vista/Win7/Win8/Win10/Win11＋Oracle 12c 及以上，＋myEclipse6.5 及以上。

编程语言：Java＋PL/SQL 语言。

12.1.2 平台搭建

项目后台数据库管理系统采用大型数据库管理系统 Oracle（本例为 Oracle 12c），打开盘\10203_vista_w2k8_x86_production_db\db\Disk1 目录，双击 setup.exe，安装 Oracle 数据库，并将数据库命名为 ORCL1，设置数据库所有用户的密码为 test，安装成功后，复制光盘 PL/SQL Developer 文件夹到电脑桌面，双击该目录下的 plsqldev.exe 运行 Oracle 登录界面，如图 12-1 所示，测试数据库是否安装成功。注意后台数据库的名称为 ORCL1。

单击确定后，进入 Oracle，选择菜单栏文件→新建→命令窗口，正常系统运行界面如图 12-2 所示。

图 12-1　PL/SQL developer 登录界面

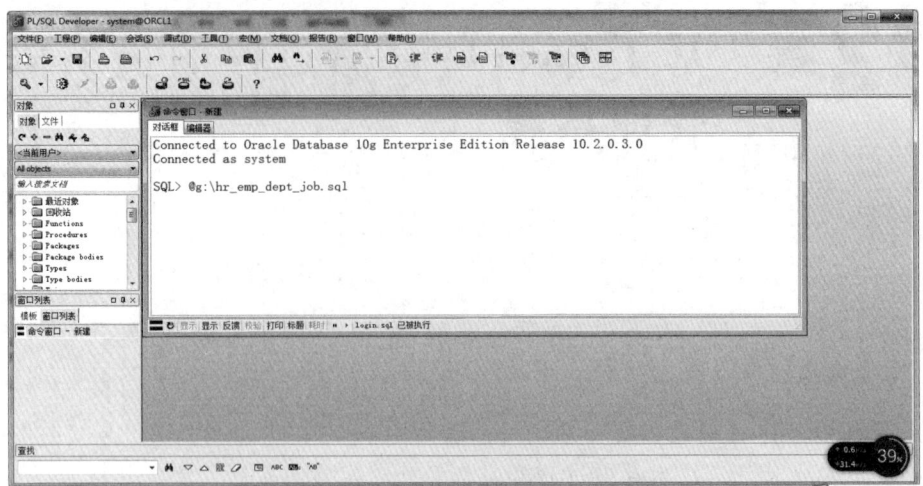

图 12-2　登录成功及数据导入界面

注意：标题栏为 PL/SQL Developer-system@ORCL1。

在 SQL>后填写@g:\hr_emp_dept_job.sql，运行 SQL 文件，导入相关数据库中的数据（注意选择 hr_emp_dept_job.sql 所在真实路径，本例路径为光盘 G 盘），回车之后系统数据导入成功，至此系统后台搭建成功，如图 12-3 所示。

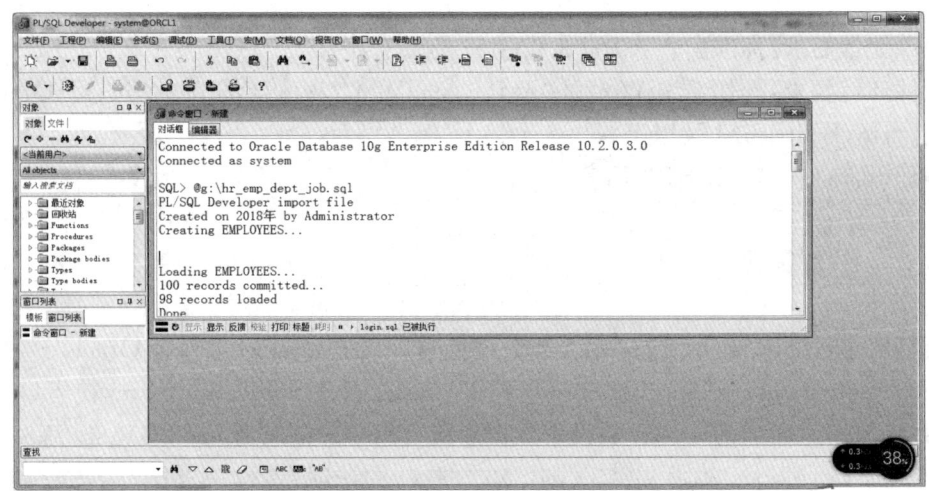

图 12-3　后台数据搭建界面

系统以"基于存储过程的员工信息管理系统"为例，实现 J2EE 环境 Oracle 存储过程的外部调用。

PL/SQL 语言存储过程的优势：

• 存储过程在服务器端运行，执行一次后代码就驻留在高速缓冲存储器中，执行速度快，减少了网络的拥挤。

• 存储过程以命名的 PL/SQL 程序的形式存储于数据库中。存储在数据库中的优点是很明显的,因为代码不保存在本地,用户可以在任何客户机上登录数据库,调用或修改代码。

- 存储过程可由数据库提供安全保证,要想使用存储过程,需要其所有者授权。
- 参数的传递有多种方式。

项目展现形式为基于存储过程的员工管理系统,在 PL/SQL Developer 中搭建好需要的表,建立雇员表 employees、部门表 departments、工作表 jobs、用户表 user1 后,可以在 PL/SQL Develeper 下通过 desc 命令查看相应表的结构,如图 12-4 所示,departments 表和 jobs 表结构显示方式类似。

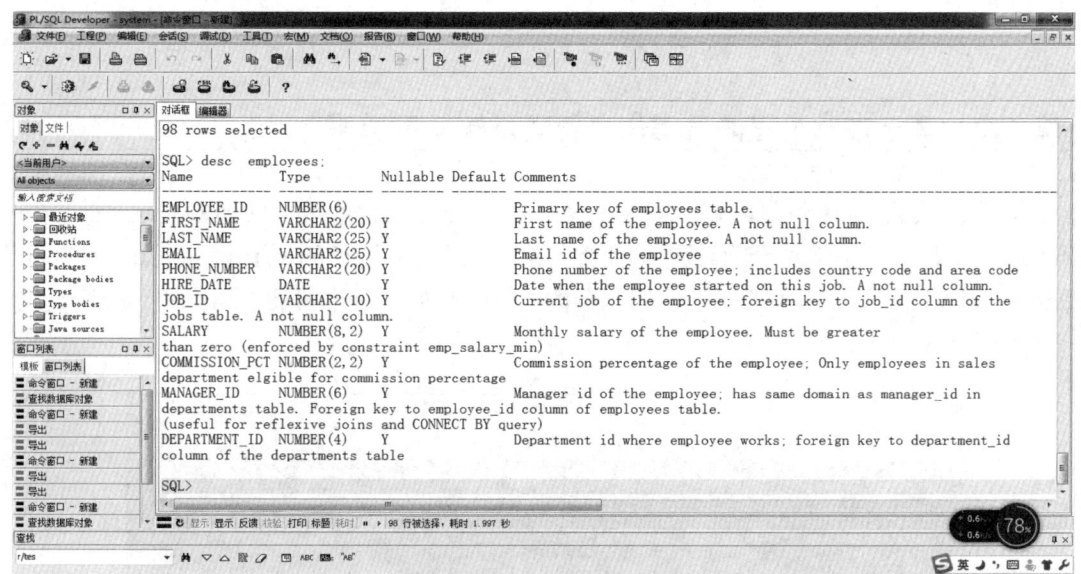

图 12-4　测试数据库中用到的主要表结构界面

12.2　基于存储过程的员工信息管理系统

12.2.1　系统功能模块图

基于存储过程的员工信息管理系统主要功能:采用 J2EE 技术,后台数据库为 Oracle 10g 及以上,通过 PL/SQL 的存储过程实现数据库信息的统计和模糊查询功能,并通过 J2EE 在前台 Web 页面显示,在保证数据库安全性和效率的基础上实现 J2EE+PL/SQL 存储过程的具体接口,系统包含"员工信息管理系统"的增、删、查、改等常规功能。图 12-5 为系统具体功能模块图。

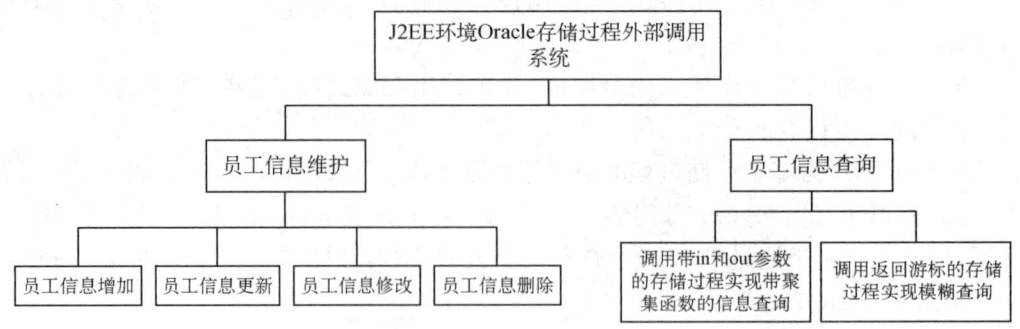

图 12-5　系统功能模块图

12.2.2　基于存储过程的员工信息管理系统使用说明

双击\tomcat\bin\tomcat.bat 启动 tomcat，将 demo.war 文件拷贝到 D：\tomcat\web\webapp 目录下，war 文件会自动解压成文件夹，打开浏览器访问 http：//localhost：8080/demo/login.jsp(localhost 可以是使用机器的 IP 地址，如果是本机测试可以将 localhost 改成 127.0.0.1)，出现如图 12-6 所示登录界面。

图 12-6　系统登录界面

以用户名 demo、口令 test 登录，登录后跳转到系统主界面即 index 界面，如图 12-7 所示，图 12-8～图 12-16 为系统整体功能界面展示。

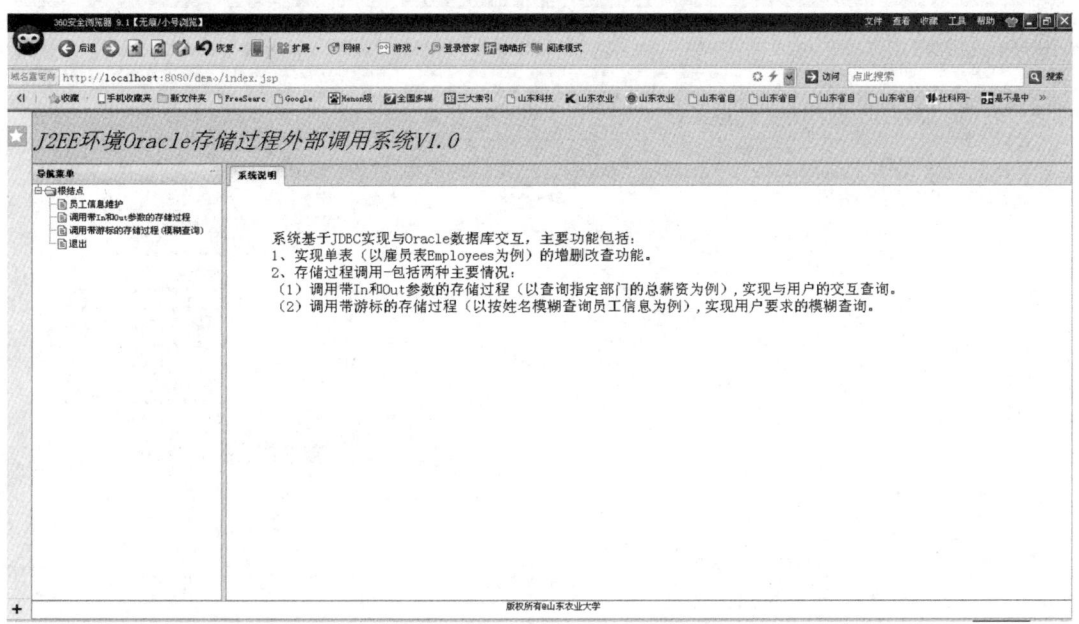

图 12-7 系统主界面框架

图 12-8 员工信息维护界面

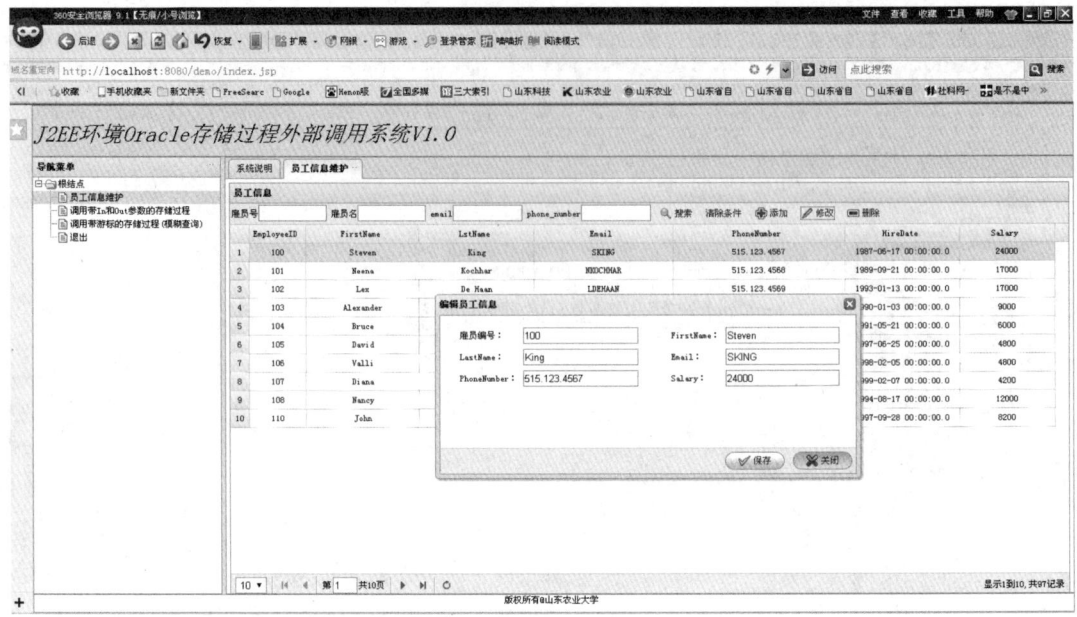

图 12-9 修改与保存界面

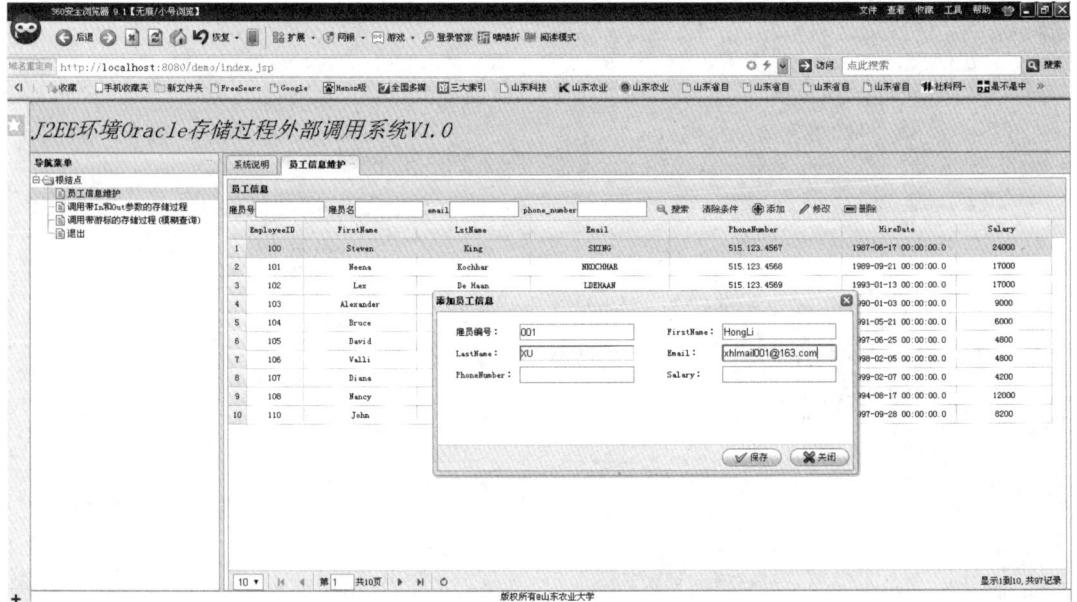

图 12-10 添加界面

第 12 章 基于 Oracle 存储过程的员工信息管理系统

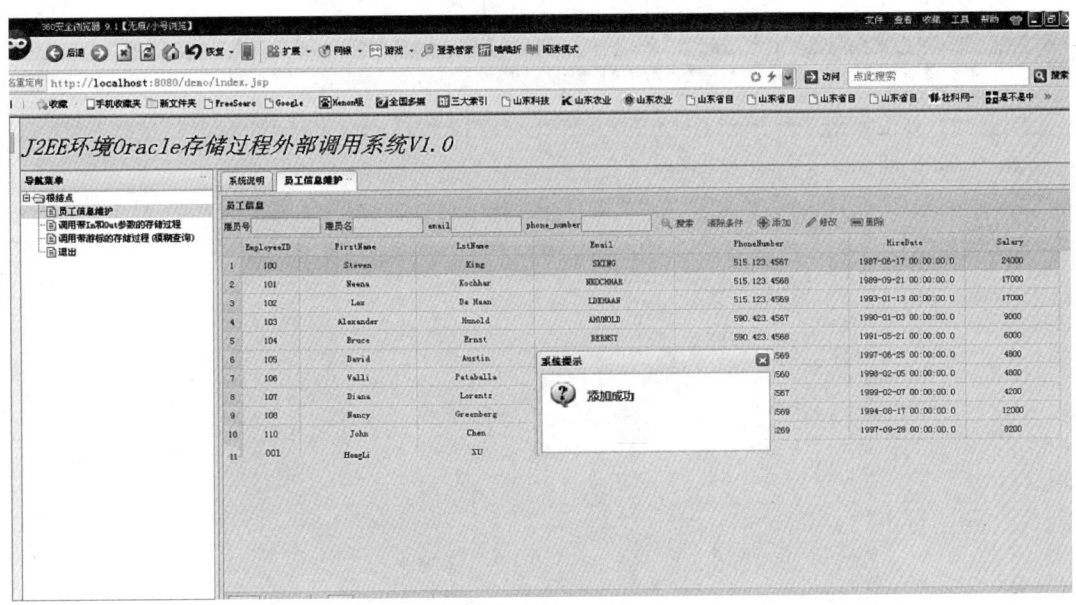

图 12-11 确认添加界面

图 12-12 删除界面

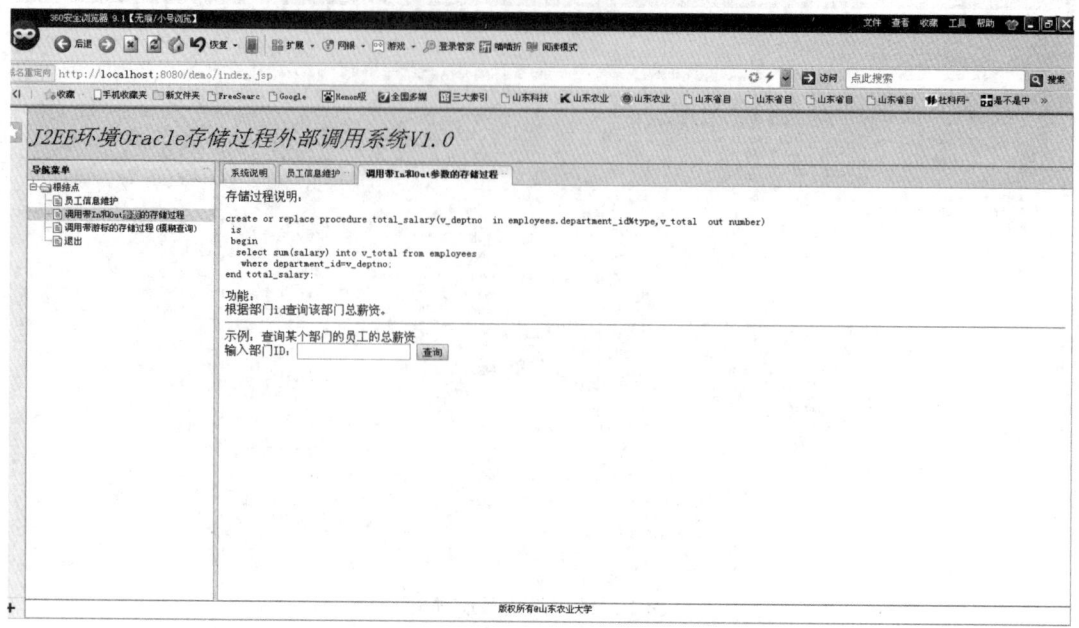

图 12-13　调用带 in 和 out 参数的存储过程界面

图 12-14　输入部门参数,点击查询后的界面

第 12 章　基于 Oracle 存储过程的员工信息管理系统

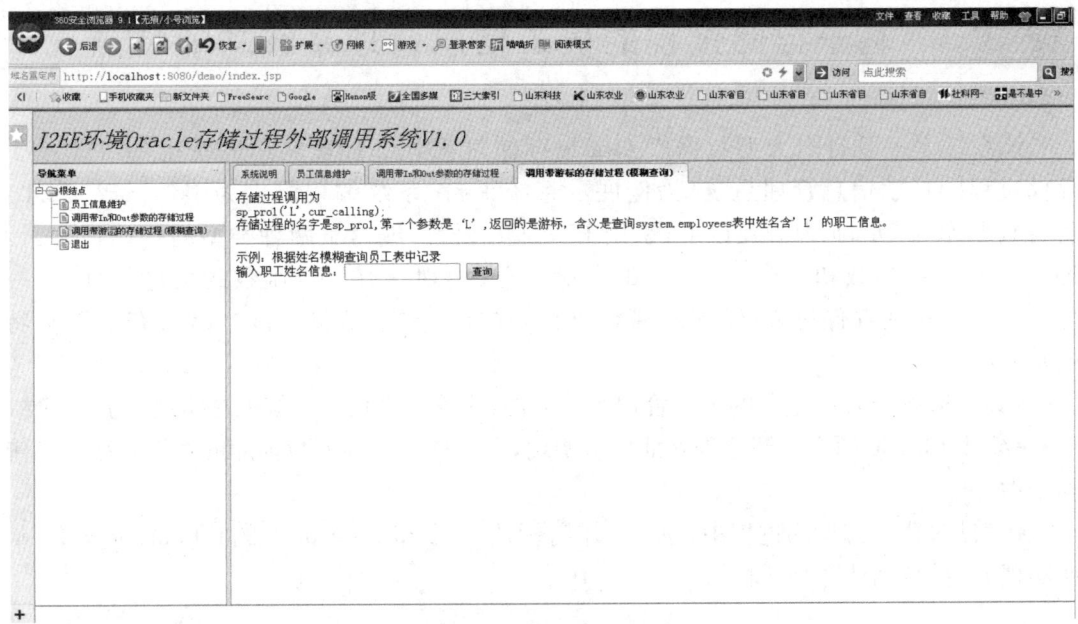

图 12-15　调用带游标的存储过程(模糊查询)界面

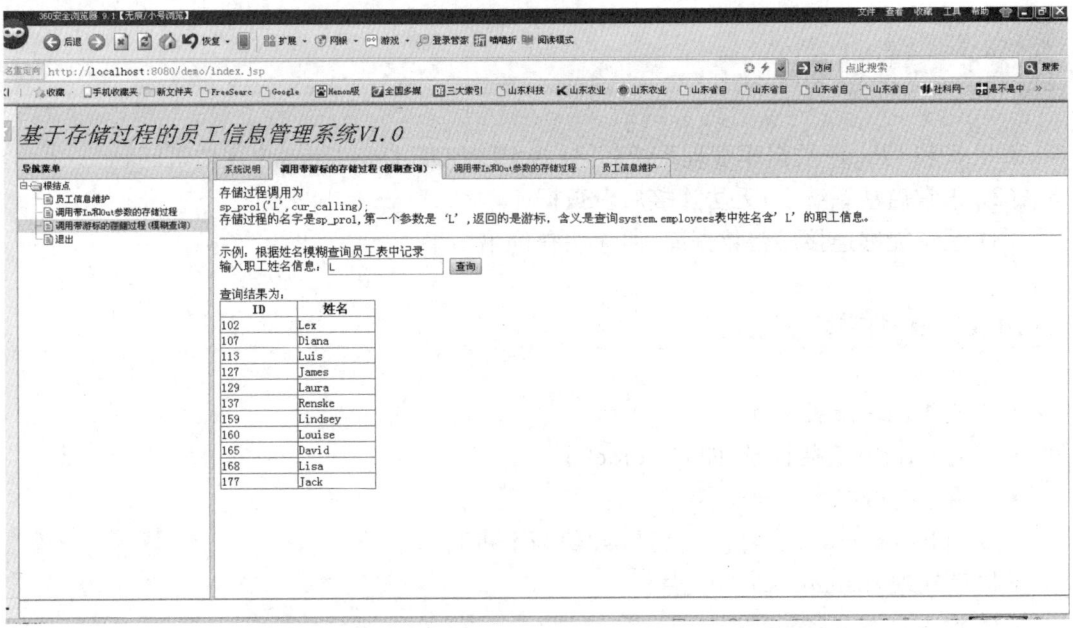

图 12-16　调用带游标的存储过程(模糊查询)结果界面

点击左侧的"退出",退出整个系统。

12.3　基于存储过程的员工信息管理系统功能特点

该系统是一款针对大型数据库 Oracle 存储过程外部环境调用的系统,并以"基于存储过程的员工信息管理系统"为例展示系统平台,系统编程语言为 Java+PL/SQL,后台数据库为 Oracle 10g 及以上,采用 PL/SQL 语言,编写了两种类型的存储过程:一种为带一个 in 参数和一个 out 参数的存储过程,实现含有聚合函数的信息统计;另一种为返回游标的存储过程,可实现模糊查询,在前台展示结果。该产品具有以下独特的功能特点:

- 以实际基于存储过程的员工管理系统为例,实现管理信息系统的基本增、删、查、改。
- 实现 Oracle 两个存储过程外部环境调用,大大提高了大型数据库的查询效率和系统安全性。
- 存储过程外部调用过程中,通过采用游标技术,获得 procedure 的 ref cursor 参数,从而实现灵活的外部模糊查询。

12.4　基于存储过程的员工信息管理系统的故障及排除方法

12.4.1　可能的故障

(1) 安装 Oracle 数据库管理系统后,连接 PL/SQL Developer 出现监听问题。
(2) 正常启动系统后,无法连接后台数据库。
(3) 系统能够连接后台数据库,但无法查询出结果。

12.4.2　故障排除方法

(1) 检查两个配置文件。
- 找到 Oracle 安装目录,如 C:\oracle。
- 在目录中查找 *.ora 文件。
- 找到 listener.ora 文件修改其 host 值为本机名。
- 同理处理 tnsnames.ora 文件。

(2) 检查是否为密码错误。
(3) 后台数据库是否搭建成功,检查是否按照 1.2 节搭建系统数据库平台。

12.5 基于存储过程的员工信息管理系统程序

src 中有四个包，分别是 com.jdbc.dao，com.jdbc.oracle，com.jdbc.servlet 和 com.jdbc.vo，其中 com.jdbc.dao 包含两个 Java 文件，com.jdbc.oracle 包含两个 Java 文件，com.jdbc.servlet 包含一个 Java 文件，com.jdbc.vo 包含两个 Java 文件，如图 12-17 所示。具体程序代码可扫描下方二维码获得。

程序代码

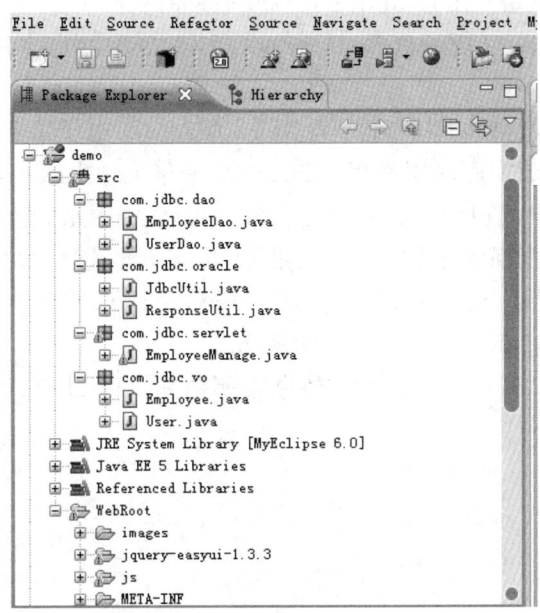

图 12-17　系统文件夹目录

参考文献

[1] John Watson,Roopesh Ramklass,Bob Bryla. OCA/OCP 认证考试指南全册: Oracle Database 12c (1Z0-061,1Z0-062,1Z0-063)[M].3 版.郭俊凤,译.北京:清华大学出版社,2016.

[2] 孙风栋. Oracle 11g 数据库基础教程[M].2 版.北京:电子工业出版社,2017.

[3] 刘丽. Oracle 12c 数据库应用教程[M].北京:清华大学出版社,2021.

[4] 何明. Oracle 数据库管理从入门到精通[M].北京:中国水利水电出版社,2017.

[5] 赵明渊. Oracle 数据库教程[M].2 版.北京:清华大学出版社,2020.

[6] Oracle 备份与恢复介绍[EB/OL].(2013-03-16)[2023-10-20]. http://blog.chinaunix.net/uid-354915-id-3525989.html.

[7] 盖国强,李铁楠. Oracle 性能优化与诊断案例精选[M].北京:人民邮电出版社,2016.